国家社会科学基金一般项目（编号：14BGJ010）

贸易隐含碳、碳泄漏效应与碳排放责任界定

Carbon Emissions Embodied in Trade, Carbon Leakage Effect and Emissions Responsibility Definition

张云◎著

U0309812

中国经济出版社
CHINA ECONOMIC PUBLISHING HOUSE
北 京

图书在版编目（CIP）数据

贸易隐含碳、碳泄漏效应与碳排放责任界定／张云
著.—北京：中国经济出版社，2021.11
　ISBN 978-7-5136-6606-0

　Ⅰ.①贸… Ⅱ.①张… Ⅲ.①二氧化碳-排气-研究
-世界 Ⅳ.①X511

中国版本图书馆 CIP 数据核字（2021）第 176060 号

责任编辑　王　建
责任印制　巢新强
封面设计　久品轩

出版发行　中国经济出版社
印　刷　者　北京力信诚印刷有限公司
经　销　者　各地新华书店
开　　　本　710mm×1000mm　1/16
印　　　张　10
字　　　数　140 千字
版　　　次　2021 年 11 月第 1 版
印　　　次　2021 年 11 月第 1 次
定　　　价　78.00 元

广告经营许可证　京西工商广字第 8179 号

中国经济出版社 网址 www.economyph.com **社址** 北京市东城区安定门外大街 58 号 **邮编** 100011
本版图书如存在印装质量问题，请与本社销售中心联系调换（联系电话：010-57512564）

版权所有　盗版必究（举报电话：010-57512600）
国家版权局反盗版举报中心（举报电话：12390）　　　服务热线：010-57512564

前　言

国际气候会议对国际碳减排合作发挥了积极作用，但是仍存在大量无法解决的争议性问题，使谈判各方形成不同的利益群体。在各方博弈过程中，争议焦点在于各个经济体的减排目标和义务分配，其背后隐含的意义是各个经济体可以获得由碳资源决定的经济利益，而减排目标和义务分配的首要问题就是碳排放责任的界定。在《巴黎协定》约束下，各参与国提交的"自主贡献"预案中的目标、措施与评估，必须建立在一套完整的"碳排放核算原则"基础之上，可见国际碳减排合作的气候政策有效性与碳排放责任界定原则的密切关系。目前，国际碳排放责任界定主要采用生产责任原则，该方法容易诱使发达国家（地区）通过产业转移或扩大进口转移排放形成"碳泄漏"① 效应。处于全球分工价值链低端的发展中国家（地区）的出口多以能源密集型产品为主，由此承担更多的碳排放责任显然不公平。

本书尝试在贸易"隐含碳"② 测度分析基础上把碳泄漏效应纳入碳排放责任界定方法改革，在解析贸易隐含碳、碳泄漏效应与碳排放责任界定逻辑关系基础上构建统一分析框架，通过数理模型推导分析碳泄漏正负效应及进行实证检验，提出并根据模拟结果改进碳排放"共担责任"界定方法，最后提出动态优化政策建议。具体内容要点为：

一是介绍了国际持续的气候谈判博弈和碳排放责任界定中的争议，阐

---

① 碳泄漏是指发达国家采取二氧化碳减排措施后，该国某些产品（尤其是高耗能产品）的生产可能转移到其他未采取二氧化碳减排措施的发展中国家，从而引起发展中国家二氧化碳排放量的增长。

② 隐含碳是指在产品的生产过程中，整个生产链所排放的二氧化碳。

述研究意义和研究思路；二是文献综述，从不同角度总结贸易隐含碳排放测度相关研究，从剖析旧方法和探索新原则角度总结碳排放责任界定方法相关研究，从创新碳排放责任界定方法角度总结碳泄漏负效应启示；三是基于生产链排放的视角推导单区域投入产出模型（SRIO），测算并对比分析不同口径的中国贸易隐含碳排放，分析中国贸易隐含碳对排放责任界定的影响以及对气候谈判策略的影响，从单个国家角度论证研究相关问题；四是推导多区域投入产出模型（MRIO）碳排放计算公式，对比分析基于SRIO 与 MRIO 的消费责任原则碳排放计算公式，收集 WIOD 数据库的多区域投入产出表和环境拓展矩阵的数据，基于 MRIO 测度生产与消费责任原则下的碳排放情况，多角度论证研究相关问题；五是构建与推导分析碳泄漏效应理论模型，根据经济学研究构建碳泄漏效应理论模型，进行碳泄漏均衡效应的求解与分析，推导"交易比价效应"（TTE）和"减排资源效应"（ARE）；六是构建中国工业部门面板模型，引入贸易开放度和行业发展水平交叉项，实证检测中国工业部门碳泄漏的存在性；七是总结已有关于碳排放责任界定的方法，提出碳排放责任界定方法的改革方向，并以中国为例计算分析碳排放责任共担原则下的责任分配问题，分析碳排放共担责任界定方法的动态运行机制，解析有关政策的含义。

本书主要创新之处在于，构建投入产出模型测算国际贸易隐含碳，对比分析不同责任界定原则和方法对应的可能结果，在此基础上建立理论模型论证碳泄漏正负效应作用机制并实证检验碳泄漏行业差异。除了考虑科技创新和溢出效应外，还引入要素流动机制推导论证碳泄漏正负效应作用机制的理论逻辑，为设计和改进碳排放责任界定方法以及解决碳泄漏问题提供依据。

目　录

第1章 绪 论

1.1 研究背景和意义

1.1.1 研究背景

1. 国际气候谈判博弈持续，减排义务分配成为焦点问题

全球气候变化问题已经引起世界各国广泛关注，1988 年联合国环境规划署（UNEP）和世界气象组织（WMO）发起成立了政府间气候变化专门委员会（IPCC），负责评估与全球气候变化相关的科学、技术和社会经济信息等的价值与意义。具有重要历史价值的是，继 1972 年 6 月瑞典斯德哥尔摩联合国人类环境会议之后，规模最大、级别最高的环境与发展领域国际会议——联合国环境与发展会议（UNCED）于 1992 年 6 月 4 日在巴西里约热内卢举行，这次会议通过了当年 5 月在纽约联合国总部确定的《联合国气候变化框架公约》（UNFCCC，以下简称《框架公约》）。1995 年 4 月，在德国柏林召开了第一次《框架公约》缔约方会议（COP1）。会议通过的《柏林授权书》认为，《框架公约》所规定的义务是不充分的，需要对 2000 年后保护气候行动进行磋商。之后，每年都会召开一次缔约方会议，影响力相对较大的是 1997 年 12 月在日本京都举行的第三次缔约方会议（COP3），这次会议通过了著名的《京都议定书》。《京都议定书》作为《框架公约》的具体实施纲领，设定了既定时期（2008—2012 年为第一承诺期）发达国家（《框架公约》附件 I 国家）的温室气体（GHG）减排目标；为帮助和推进温室气体减排国际合作，《京都议定书》设定了 3 种灵活的市场化减排合作机制，即联合履行机制（JI）、国际排放贸易机制（IET）以及清洁发展机制（CDM）。

2007年12月，在巴厘岛举行的COP13会议开始讨论《京都议定书》第一承诺期之后的问题，即"后京都"问题。这次大会还通过"巴厘岛路线图"，试图启动谈判并签署第一承诺期到期后全球应对气候变化问题新安排的协定。2011年11月，在德班举行的COP17会议上通过了"长期合作行动特设工作组"的决议，宣布从2013年继续实施第二承诺期，但并未对"后京都"时期的全球减排合作做出明确的实质性规定。2012年11月，多哈举行COP18会议，在形式上继续推进国际气候变化多边进程，为《京都议定书》第二承诺期和"巴厘岛路线图"画上句号，并宣布启动新的国际气候协定工作计划。在中国和美国合作背景下，2015年12月，巴黎COP21大会通过了《巴黎协定》。该协定为2020年后全球应对气候变化行动做出新的计划和安排，协定各方以"自主贡献"的方式参与全球应对气候变化行动，2016年4月22日，包括中国在内的175个国家签署了这一协定。时任中国气候变化代表团团长的解振华表示，《巴黎协定》是一个公平合理、全面平衡、富有雄心、持久有效、具有法律约束力的协定，传递出全球将实现绿色低碳、气候适应型和可持续发展的强有力积极信号。

2018年4月30日，气候谈判COP23在德国波恩开幕，《联合国气候变化框架公约》秘书处执行秘书帕特里西亚·埃斯皮诺萨呼吁各国在气候保护方面做出更多努力，敦促尚未批准《京都议定书》第二承诺期修正案的国家批准这一方案。2019年，联合国气候变化大会第25次缔约方会议主席、智利环境部长卡罗琳娜·施密特表示，面对全球气候变化危机，仅提出将全球升温控制在1.5摄氏度以内的目标是不够的，最重要的是将谈判转变为有效的应对气候变化的行动。

历次国际气候会议对世界各国开展减排合作发挥了积极的推动作用，然而几乎每次国际气候会议都存在大量无法解决的争议性问题，甚至常常出现因为争议无果而延迟会议结束时间的场景。谈判各方形成了不同的利益群体，发达国家（地区）和发展中国家（地区）之间的矛盾凸显。发达国家（地区）如日本、美国等长期以来对《京都议定书》的规定不断提出异议甚至加以否定，他们反对继续实施单独承担减排义务的规定，要求扩大承担减排义务的国家（地区）的范围，提出经济发展速度较快的中国、印度等国也应该承担强制性减排义务。发展中国家（地区）则坚持认为发达国家（地区）通过国际贸易转移碳排放责任，而且在工业化过程中已经排放了大量的二氧化碳，从历史责任和人均排放角度来看应该先承担责任。2015 年 12 月，巴黎 COP21 大会通过的《巴黎协定》规定各方将以"自主贡献"的方式参与全球应对气候变化行动，发达国家将继续带头减排，并加强向发展中国家提供资金、技术和能力建设方面的支持。然而，协定并没有强制性分配减排义务。在各方博弈过程中，争议焦点在于各个经济体的减排目标和义务分配，其背后隐含的是各个经济体可以获得碳资源决定的经济利益，而减排目标和义务分配的首要问题就是碳排放责任的界定。

2. 碳排放责任界定争议不断，经济利益导致减排政策摇摆不定

1992 年制定的《框架公约》规定"共同但有区别的责任"，也就是说，发达国家（地区）和发展中国家（地区）共同承担有区别的责任，因为发达国家（地区）在工业化过程中已排放大量温室气体，需要主动采取具体措施限制温室气体排放，并且有责任向发展中国家（地区）提供资金支持和技术转让，帮助发展中国家（地区）实施减排，而发展中国家（地区）暂时不承担有法律约束力的减排义务。但是，各国关于碳排放责任界定和减排义务分担的矛盾逐渐显现，导致部分国家退出《京都议定书》。如果减排合作参与国家太少，就会造成气候政策无效率，有效的全球碳减排合作政策需要世界各国的广泛参与，而这一点只能建立在对发达国家（地区）和发展中国家（地区）都公平的碳排放责任界定基础之上。挪威奥斯陆国际气候与环境研究中心（CICERO）高级研究员 Jonas Karstensen 认为，在多数情况下，改变碳排放责任界定原则所造成的影响甚至比改变温室气体计量对象或者选用的数据库所造成的影响还要大。

在《巴黎协定》作用机制下，各参与国提交的"自主贡献"预案中的目标、措施与评估，必须建立在一套完整的"碳排放核算原则"基础之上，可见涉及国际碳减排合作的气候政策的有效性与碳排放责任的界定原则关系密切。目前，碳排放责任界定主要遵循经合组织提出的"污染者付费"原则。生产责任原则的优势在于可操作性较强，但是容易诱使发达国家（地区）通过产业转移或扩大进口转移排放形成碳泄漏，而且发生在国际公共领空或海域的国际运输业碳排放不计入任何国家的碳排放责任，再者处于全球分工价值链低端的发展中国家（地区）的经济结构和出口产品多以能源密集型为主，为此承担更多的碳排放责任显然不公平。近年来，学术界相继提出了消费责任原则、生产责任原则和共担责任原则，这些界定原则各有所长也各有不足之处。比如，消费责任原则与碳排放足迹的理念相似，都将消费者消费的最终产品在生产过程中产生的所有对生态环境的影响考虑在内，但是部分由消费引发的碳排放发生在行政管制之外的地区，这就造成在消费责任原则下的责任范围超出了行政范围，削弱了消费责任原则的可操作性。而且，有些界定原则还处于理论论证和模型建构阶段，如共担责任原则需要解决如何构建贸易碳排放共担责任核算模型，以及如何确定出口国与进口国之间的责任分担系数等问题。总之，碳排放责任界定决定各个经济体的减排目标和减排义务分配，隐含着与碳资源对应的经济利益，所以对于碳排放测算和责任归属问题具有重要意义。

世界上大部分国家已经认识到应对气候变化的重要意义，很多国家公布了应对气候变化的中期或长期目标以及计划采取的措施，当然这是在综合考虑经济利益基础上做出的决策。欧盟在 2014 年 1 月发布了《2030 年气候与能源政策框架》，其中包括了欧盟排放交易体系的结构性改革措施；2014 年 10 月的欧盟秋季首脑峰会确定了欧盟 2030 年气候和能源政策目标，即到 2030 年温室气体排放在 1990 年基础上减少 40%、可再生能源利用比例至少达到 27%。中国和美国作为世界排名前两大经济体，在 2015 年 12 月巴黎 COP21 大会之前及大会上均表现出了合作态度。中美两国在 2014 年 11 月发表气候变化联合声明，宣布了 2020 年后应对气候变化的行动目标，中国计划 2030 年左右二氧化碳排放达到峰值且将努力早日达峰，并计划到 2030 年将非化石能源占一次性能源消费比重提高到 20% 左右；美国宣布计划 2025 年实现在 2005 年基础上减排 26%~28% 的全经济范围减排目标，并将努力减排 28%。但是，2017 年 6 月 2 日，美国以巴黎气候协定是以美国利益损失为代价、不能支持那种会惩罚美国的协定为由，退出了《巴黎协定》。显然，并非所有国家或者政府都愿意承担减排责任，如何应对气候变化问题已经成为部分国家政党参选和执政的重要议题，不同政党持有的应对气候变化的政策主张不尽相同，在当前发达国家政治体制和决策机制体系下，这些国家的气候政策呈现摇摆现象。

当前，全球气候谈判存在三大集团：欧盟、以美国为首的伞形集团和发展中国家。不同的集团有着不同的利益打算，谈判的背后还掺杂着各国国内政治力量和利益集团的相互较量。伞形集团包括美国、加拿大、日本、澳大利亚、新西兰等国，美国在伞形集团中扮演着领导者的角色，影响着伞形集团中其他国家对气候问题国际合作的态度。美国《伯德法案》明确规定总统不应签署"对美国经济导致严重损害的"条约，《京都议定书》在美国未经最后批准通过，奥巴马政府时期美国国内支持新能源和绿色环保的力量占了上风，推动了《巴黎协定》在美国的批准通过；特朗普上台之后，美国国内传统能源势力又重新占据上风，因此特朗普宣布美国退出《巴黎协定》，但美国国内还有 211 个城市的市长承诺仍将接受《巴黎协定》，美国国内的博弈仍在继续（邵素军，2018）。欧盟一直是全球合作减排的积极倡导者，当然其目的主要是生态利益、经济利益和政治利益。发展中国家，特别是金砖国家，成了国际气候谈判中发达国家针对的主要目标。发展中国家积极推动《巴黎协定》的谈判，以便更好地参与国际合作，并提升发展中国家的影响力。从总体情况来看，《巴黎协定》的执行效果如何，仍然取决于各国之间的博弈。国际气候谈判博弈在理论上被界定为无限重复序贯博弈，只要温室气体排放仍然存在，各国之间将始终存在博弈。为从经济利益视角杜绝"免费搭车"行为，以及从政治利益视角规避谈判者单纯追求个人政治利益，国际气候谈判仍然存在组织与制度建设、激励与约束机制等众多问题需要各国进行更深入的沟通。

1.1.2 研究意义

从国际气候谈判的历程来看，《京都议定书》的签署具有标志性意义。但是在《京都议定书》签署之后，全球如何开展减排合作行动的谈判一直无法取得实质性进展，矛盾焦点在于各国的碳排放责任界定。《巴黎协定》规定各方以"自主贡献"的方式参与全球应对气候变化行动，而"自主贡献"预案中的目标、措施与评估必须建立在一套完整的"碳排放核算原则"基础之上，国际减排合作的有效性与碳排放责任的界定原则紧密联系。本书研究的应用价值主要在于：①中国计划2030年左右二氧化碳排放达到峰值，意味着国内工业化和城镇化的碳排放增长"天花板"被量化确定，本书兼顾可操作性和国际接受度，改进共担责任界定方法有助于改变我国目前因被转嫁碳排放责任而在国际会议上屡遭责难的不公现状，从消费者和生产者合作角度赢得发展所需的碳排放空间。②本书贸易隐含碳测度和碳泄漏的检验结果，可以验证中国贸易隐含碳是否引致碳排放"责任转移"以及国际贸易对国内减排的实际影响，为我国优化贸易开放政策并实现碳排放峰值承诺提供行业层面的经验、证据。③《巴黎协定》在"自主贡献+定期盘点"模式下，国家间减排政策的差异性及碳泄漏的可能性依然存在。本书基于碳泄漏效应与碳排放责任界定互动机制提出协同政策，支持我国积极参与气候谈判以解决碳泄漏问题和应对碳关税等绿色贸易壁垒，助推我国成为党的十九大报告提出的"引导应对气候变化国际合作，成为全球生态文明建设的重要参与者、贡献者、引领者"。

对国际气候谈判和碳排放减排合作的研究，发展中国家还处于追赶阶段。西方发达国家出于自身利益以及依托环保政策，在学术研究和政策执行上具有先发优势。对中国等发展中国家而言，生产者和消费者共担责任原则的逻辑并没有得到学术界的完全认可，理论上还存在深研之处。本书研究的理论价值主要在于：①本书构建模型测度中国贸易隐含碳，对比分析不同碳排放责任界定方法对应的可能结果，并用于建立行业新分类标准以进行碳泄漏效应实证检验，扩大了贸易隐含碳在国际碳排放责任界定中的应用范围，是贸易隐含碳理论研究价值的进一步挖掘。②本书以碳泄漏负效应理论为基础来论证新的研究逻辑，把贸易隐含碳、碳泄漏正负效应与碳排放责任界定纳入统一的分析框架。一方面，从要素流动视角建模并论证碳泄漏负效应作用机制，有助于补充碳泄漏负效应理论的行业要素证据；另一方面，基于碳泄漏分类效应厘清碳排放责任，提出优化碳排放共担责任原则的理论依据和应用方法，希望能拓展碳泄漏理论的研究边界。

1.2 研究思路和方法

1.2.1 研究思路

本书尝试把碳泄漏效应纳入基于隐含碳测度为基础的碳排放责任界定方法，解析贸易隐含碳、碳泄漏与碳排放责任界定的逻辑关系，构建三者的统一研究框架；尝试通过数理模型推导和实证检验碳泄漏正负效应，给出碳排放共担责任界定方法并根据模拟结果对其进行改进，最后提出对相关政策进行动态优化调整的建议。

第一，推导投入产出模型并完成对贸易隐含碳的测度，论证解决问题的逻辑和研究思路。结合经典理论和文献评述，解析贸易隐含碳、碳泄漏与碳排放责任界定之间的逻辑关系；根据单区域投入产出模型推导进出口贸易隐含碳排放计算公式，测度中国行业净出口隐含碳排放量；构建和推导完全多区域投入产出模型（Full-MRIO），测算主要国家（地区）的贸易隐含碳排放。

第二，构建数理模型并分析碳泄漏效应的作用机制，实证检验行业碳泄漏正负效应。构建理论模型，推导分析交换比价效应和减排资源效应，论述碳泄漏正负效应的存在逻辑及作用机制；分析碳泄漏正负效应对碳排放影响的差异性，提出基于碳泄漏效应改进碳排放责任界定方法的理论逻辑；以中国行业净出口隐含碳强度为标准划分高、低碳排放行业，实证检验分行业碳泄漏正负效应和"污染天堂"假说,验证研究的可靠性。

第三,估测和对比分析排放责任界定结果,提出碳排放责任界定改进方法。结合微观实例对比分析不同碳排放责任界定方法(生产责任原则、消费责任原则、共担责任原则)的理论依据、政策主张和计算方法;以主要国家(地区)的贸易隐含碳测度结论为基础,估测不同碳排放责任界定方法对应的可能结果;阐述贸易隐含碳影响碳排放责任界定的理论逻辑,提出碳排放"共担责任"的政策主张以及改进方法。

1.2.2 研究方法

1. 投入产出分析法

投入产出分析法是 20 世纪 30 年代美国经济学家里昂惕夫(Leontief)创立的,在实际应用中经历了一个逐步拓展的过程,现在已经与计量经济方法、最优控制理论等方法相结合。从 1970 年开始,Leontief 利用投入产出分析法描述行业部门与环境污染之间的关系,取得了比较好的效果,随后投入产出分析法被广泛用于分析经济和环境问题,成为学术界研究国际贸易隐含碳排放的主流方法,并被证实为一种有效的、从宏观尺度评价嵌入商品和服务中的资源或污染程度的工具。本书基于产业链视角推导单区域投入产出模型,从碳排放责任界定视角解析贸易隐含碳测度公式,以中国行业层面贸易隐含碳测度为实证,解析贸易隐含碳对碳排放责任界定的影响以及碳排放责任界定方法的重要性;构建多区域投入产出模型,推导和对比分析生产责任与消费责任原则下的碳排放计算公式,解析 SRIO 与 MRIO 下消费责任原则碳排放计算公式的差异,测算 40 多个国家(地区)在生产责任原则和消费责任原则下的碳排放量和历史变化情况。

2. 数理模型推导

数理模型是用数学语言来表述经济学的内容,使用数学公式表述经济学概念,使用数学定理确立分析的假定前提,利用数学方程式表述一组经济变量之间的相互关系,通过数学公式的推导得到分析结论。本书通过推导 SRIO 和 MRIO,分析生产责任原则和消费责任原则下碳排放计算公式,对比 SRIO 与 MRIO 下碳排放计算公式，论证了生产责任原则和消费责任原则两种碳排放责任界定方法下测算结果的差异，同时对消费责任原则下碳排放计算公式进行了深度解析，阐述了 SRIO 与 MRIO 计算结果的异同；基于一般均衡理论构建碳泄漏分类效应理论模型，推导分析交换比价效应和减排资源效应，论证碳泄漏正负效应作用机制和可能的影响结果；分析碳泄漏正负效应对碳排放影响的差异性，阐释基于碳泄漏效应改进碳排放责任界定方法的理论逻辑。

3. 计量经济学方法

计量经济学方法是以经济学和数理统计学为方法论基础，运用数学、统计学和软件为主要手段，对经济变量的关系进行定量研究，通过模型参数估计结果显示相关性来研究经济行为的关联性，或者通过同一经济行为者不同时期的行为特征来分析研究对象的动态行为，最终实现对经济现象进行预测和对相关政策进行评价的目的。与一般数学研究方法相比，计量经济学方法注重理论与方法的数学推导和证明，强调对统计学和经济学的应用，在很多研究领域被广泛使用。本书通过前述推导计算中国行业碳排放强度和净出口隐含碳排放强度，并以此作为分类标准进行高、低碳排放行业分类，然后实证检验整体和分行业的碳泄漏正负效应，并检验"污染天堂"假说的可靠性。

1.3 主要内容和创新

1.3.1 主要内容

第 1 章绪论，主要包括三部分内容，分别为研究背景和意义、研究思路和方法、主要内容和创新。一是研究背景是国际气候谈判博弈的持续，减排目标和义务分配成为焦点问题；碳排放责任界定争议不断，经济利益导致减排政策摇摆不定。二是介绍研究思路和研究方法，如投入产出分析法、经济模型、计量经济学方法等。三是介绍本书主要内容和可能创新之处。

第 2 章文献综述，主要包括三部分内容。一是贸易隐含碳测度研究：佐证界定方法存在问题的逻辑。总结国内外贸易隐含碳排放量测算研究成果，规模巨大的隐含碳排放佐证了当前碳排放责任界定方法存在问题的逻辑。二是碳排放责任界定研究：旧方法争议与新原则探索。研究者开始从解决问题角度剖析已有界定方法的不足，探索碳排放责任界定新原则和新方法。三是碳泄漏效应研究启示：创新碳排放责任界定方法。分析碳泄漏存在负效应的观点，可以解释碳泄漏实证研究所得结论不一致的原因。

第 3 章贸易隐含碳测度及影响碳排放责任界定的分析，主要包括三部分内容。一是基于生产链排放的视角推导单区域投入产出模型，然后基于碳排放责任界定的视角解析国内外生产和消费碳排放与进出口贸易净隐含碳排放测算公式，共计 4 类。二是测算基于 SRIO 的不同口径的中国贸易隐含碳排放，并对比分析中国 29 个行业部门的碳排放。三是分析中国贸易隐含碳对碳排放责任界定和气候谈判策略的影响，从单个国家角度研究相关问题，中国等出口大国在国际气候谈判过程中倡导建立科学合理的碳排放责任界定方法。

第 4 章基于贸易隐含碳的全球碳排放责任界定原则调整研究，主要包括两部分内容。一是不同界定原则下的碳排放计算公式推导，即基于 MRIO 推导生产责任和消费责任原则下的碳排放计算公式，然后基于 MRIO 与 SRIO 对比分析消费责任原则下的碳排放计算公式，并指出计算公式出现差异的原因在于出口反馈效应、间接贸易效应以及不同产出标准。二是不同界定原则下全球贸易隐含碳排放责任测算，收集世界投入产出数据库（WIOD）的多区域投入产出表和环境拓展矩阵的数据，基于 MRIO 测度生产与消费责任原则下的碳排放情况，对比生产责任原则和消费责任原则下碳排放变化情况。

第 5 章碳泄漏效应理论模型的构建与推导分析，主要包括两部分内容：碳泄漏效应理论模型、碳泄漏均衡效应求解与分效应分析。首先，根据经济学研究构建理论模型的常用方法，假设存在两个竞争性部门，分别生产两种产品，投入两类生产要素，构建碳泄漏效应理论模型。其次，进行碳泄漏均衡效应求解与分析，总结理论模型以及模型线性化结果的 8 个等式，推导获得"交易比价效应"和"减排资源效应"，两个效应取决于两种投入要素的替代弹性。

第 6 章中国工业部门碳泄漏效应实证研究，主要包括两部分内容。一是梳理已有研究，构建中国工业部门面板模型，引入贸易开放度和行业发展水平交叉项检测碳泄漏的存在性，实证检验工业部门整体，发现无法判断中国工业部门整体碳泄漏的存在性。二是进行分行业实证检验，实证结果证实了中国工业部门不同碳排放强度的行业存在明显的结构性差异，低净出口隐含碳排放行业不存在一般意义上的正碳泄漏效应，而且对应的碳泄漏效应可能为负。

第 7 章碳泄漏分类效应视角下碳排放责任界定优化研究，主要包括两部分内容。一是总结已有关于碳排放责任界定方法发展历程，提出碳排放责任界定方法的改革方向是由生产者和消费者共担责任，然后以中国为例，计算分析碳排放共担责任原则下的责任分配。二是分析碳排放共担责任界定方法的动态运行机制，构建碳排放共担责任界定方法的动态运行模型，从国际气候谈判、国际碳交易价格等角度解析有关政策的含义。

1.3.2 主要创新

第一，本书尝试把在贸易隐含碳测度结论基础上的碳泄漏效应纳入碳排放责任界定方法改革中，在解析贸易隐含碳、碳泄漏效应与碳排放责任界定逻辑关系基础上构建统一分析框架。已有贸易隐含碳测算的主要目的是验证"污染天堂"假说和"环境库兹涅茨曲线"（EKC）或计算相应能源消耗，研究方法和结果具有一定局限性，本书尝试构建完全多区域投入产出模型来测算国际贸易隐含碳，并以此为基础对比分析不同责任界定原则和方法的可能结果。

第二，本书以行业贸易隐含碳测度结论为基础，建立理论模型以论证碳泄漏正负效应作用机制并实证检验碳泄漏行业差异。除了考虑科技创新和溢出作用外，还引入要素流动机制推导论证碳泄漏正负效应作用机制的理论逻辑，并且采用行业分类新标准实证检验碳泄漏效应，为寻找和改进碳排放责任界定方法以及解决碳泄漏问题提供依据。一方面，可以验证中国工业部门贸易隐含碳是否引致排放"责任转移"，以及经济开放对国内减排的实际影响；另一方面，为我国在改善生态环境要求下优化开放经济产业政策提供行业层面的证据。

第三，中国计划 2030 年左右二氧化碳排放达到峰值，意味着国内工业化的碳排放增长"天花板"被量化确定。中国作为全球最大贸易国，贸易开放可能引致污染产业转移和碳泄漏问题，对"新常态"下转变经济发展方式和实现减排承诺影响巨大。本书立足于国际气候谈判"共同利益妥协"的现实而开展研究，并将理论研究最终落脚点放在发展中国家的现实政策含义上，在平衡可操作性和国际接受度的基础上提出碳排放共担责任界定优化方法，并以估测为基础阐述相关政策和建议。

第 2 章 文献综述

2.1 贸易隐含碳测度研究：佐证碳排放责任界定方法存在问题的逻辑

贸易隐含碳问题引起了国内外学者关注，许多研究者从不同角度测算了贸易隐含碳排放量，证实存在规模巨大的"碳排放转移"和"碳泄漏"问题，相关结果佐证了当前碳排放责任界定方法存在问题的逻辑，以下分别对国外和国内两类研究进行总结。

2.1.1 国外关于贸易隐含碳的相关研究

国际贸易隐含碳问题很早就被国外研究者注意，已有研究可以分为单边、双边和多边 3 个视角。

第一，针对单一国家的单边视角测度分析，Wyckoff 和 Roop（1994）利用投入产出表和相关国际贸易数据，分析了美国、日本、加拿大、英国、法国和德国 6 个最大的经合组织国家工业产品进口所隐含的二氧化碳排放情况，发现这些国家进口隐含碳排放量在碳排放总量中的占比高达 13%，有些国家甚至超过 50%。Schaeffer 和 Leal de Sa（1996）利用有关数据测算了巴西 1970—1993 年非能源商品进出口贸易隐含碳排放量，发现巴西自 1980 年以来出口产品隐含碳排放量远高于进口产品隐含碳排放量，1990 年净出口隐含碳排放量占国内碳排放总量的比例约为 11.4%。Lenzen（1998）利用投入产出模型，计算分析澳大利亚最终消费品隐含的碳排放，认为国际贸易对澳大利亚能源使用及碳排放产生了重大影响，出口贸易隐含碳排放超过同期进口隐含碳排放。Machado、Chaeffer 和 Worrell（2001）利用投入产出法研究分析了巴西进出口贸易对能源消耗和碳排放的影响，认为巴西是一个碳排放净出口国，而且以美元计出口比进口多40%的能源消耗和56%的碳排放，并提出国际贸易对一个国家的产业结构会产生重要的影响，进而影响能源消耗和碳排放。Tolmasquim 和 Machado（2003）针对巴西的研究认为，巴西在20世纪90年代对外贸易的主要方向为能源密集型，以致净出口隐含能源和隐含碳显著增加，国际贸易引发工业部门约6.6%的最终能源使用和7.1%的碳排放。Peter 和 Hertwich（2006）研究了挪威对外贸易隐含污染问题，采用了反映区域技术差异的多区域投入产出模型来处理进口贸易隐含碳排放问题，提高了技术水平和能源结构明显不同国家间计算的准确度，发现进口隐含碳排放占挪威国内碳排放的67%，其中一半来自发展中国家，所对应的进口商品产值仅占挪威进口产品价值的10%，估测来自非附件 I 国家的碳泄漏至少占30%。从政策建议上还提出基于消费原则界定碳排放源相比基于生产原则界定碳排放源，与国际贸易的关系更为紧密，也能给污染密集要素禀赋、减排活动和参与水平提供更大自由度。Halicioglu（2009）采用了土耳其1960—2005年的时间序列数据，研究其碳排放、能源消耗、收入与对外贸易之间的动态关系，边界测试结果显示各个变量之间存在长期关系，碳排放由能源消耗、收入和对外贸易决定。收入是解释碳排放最有影响的变量，其次是能源消耗和对外贸易，而且存在一个稳定的碳排放函数。Muñoz 和 Teininger（2010）利用多区域投入产出模型核算1997—2004年奥地利的碳排放情况，而且采用消费原则量化分析，提出1997年基于消费原则的碳排放相比基于生产原则的碳排放多约36%，2004年基于消费原则的碳排放相比基于生产原则的碳排放多约44%；奥地利1997年进口产品隐含碳排放1/4来自非附件 I 国家，2004年进口产品隐含碳排放1/4也来自非附件 I 国家。

第二，利用两个国家或地区间贸易进行双边视角分析。Shui 和 Harriss（2006）采用了中美两国1997—2003年双边贸易和碳排放数据，计算分析了贸易对本国和全球碳排放量的影响，发现从中国进口的商品如果全部在美国生产，将增加美国 3%~6% 的碳排放量，中国排放的二氧化碳中大约 7%~14% 是由出口到美国的产品引起的，中美贸易增加了全球的碳排放量约 720 百万公吨（MMT）；同时提出美国如果将清洁生产和先进能源技术出口到中国，有助于减少两国贸易的不平衡以及全球碳排放量，可以获得双赢的结果。Ackerman、Ishikawa 和 Suga（2007）通过投入产出模型分析了日本和美国的贸易隐含碳排放，估测显示在 1995 年日美贸易减少了美国的碳排放量 14.6 百万吨煤当量（Mtce），增加了日本的碳排放量 6.7 Mtce，对于全球而言则减少了碳排放量 7.9 Mtce。如果美国产业达到日本产业的环境标准要求，那么美国可以减少一大半的碳排放量，两国与世界上其他国家的贸易也会减少自身更多的碳排放量，大概占到单个国家碳排放量的 4%。Nakano 等（2009）利用经合组织国家的双边贸易和投入产出表数据计算发现，21 个经合组织国家全部是碳逆差，而且总的碳消费量比生产量要多 16.1%。如果碳排放责任界定标准改用消费责任原则，那么经合组织国家 1995—2000 年的碳排放增加量占全球的一半左右。Dong、Ishikawa、Liu 和 Wang（2010）利用中日两国投入产出数据和指数分解分析方法，分析了两国 1995—2000 年贸易隐含碳排放情况，发现贸易规模的增长对双边贸易隐含碳排放的增加具有较大影响。中国碳密度下降是 1995—2000 年中国出口日本产品隐含碳排放量减少的主要原因，提出贸易隐含碳研究有助于寻找影响碳排放量的因素，有助于在"后京都"框架下寻找更为有效的气候政策。

第三，基于全球或多个国家和地区进行多边视角测度分析。Ahmad 和 Wyckoff（2003）收集了 21 个经合组织国家和 4 个金砖国家 1995 年的数据，计算分析了国际贸易中的隐含碳排放量，认为经合组织国家的碳排放量占到了全球碳排放总量的一半左右，4 个金砖国家的碳排放量占到了全球碳排放总量的 1/4 左右，计算结果显示经合组织国家满足国内需求的碳排放量比生产产生的碳排放量高 5%，美国、日本、德国、法国和意大利等发达国家消费引致的碳排放量远大于其生产引致的碳排放量。Peters（2008）利用全球贸易分析计划（GTAP）数据库，计算分析了全球 87 个国家贸易隐含碳排放量，发现 2001 年这些国家的国际贸易的隐含碳排放量高达 53 亿吨。Andrew 和 Peters（2009）利用 MRIO 和 GTAP 中的数据测算了贸易隐含碳排放量并量化模型所引致的误差，发现进口隐含碳排放量平均贡献了国家最终需求引致的碳排放总量的 40%。Peters 和 Minx 等（2011）构建了一个涵盖 1990—2008 年 113 个经济体和 57 个行业的全球贸易相关数据库，量化测算了国际贸易引致的碳排放转移，发现生产可贸易商品和服务引发的碳排放量从 1990 年的 4.3Gt①（约占全球碳排放量的 20%）增长至 2008 年的 7.8Gt（约占全球碳排放量的 26%），大多数发达国家在消费责任原则下碳排放量的增长幅度要快于领土范围碳排放量的增长幅度，非能源密集型制造业在碳排放转移中扮演了重要角色，从发展中国家到发达国家贸易隐含的国际碳净排放量从 1990 年的 0.4 Gt 增长到 2008 年的 1.6Gt，这个数字已经超过了《京都议定书》规定的减排量。Boitier（2012）利用 WIOD 中的数据和 MRIO 方法测算了 1995—2009 年国际贸易隐含碳排放量，并对比分析了四大区域（欧盟 27 国、经合组织、金砖国家和其他国家）在生产原则和消费原则下的碳排放情况，结果证实发达国家中碳消费国的贸易隐含碳排放比进口产品时的要大，而发展中国家中碳生产国的情况正好相反，1995—2009 年量化的国际贸易隐含碳排放显示发达国家与发展中国家之间的差距逐渐增大，从 1995 年的 1Gt 到 2008 年的 2.25Gt，欧盟和经合组织国家把碳污染出口到了金砖国家。

需要单独指出的是，由于中国进出口贸易数量巨大，而且又是最大的发展中国家，已经有较多针对中国对外贸易隐含碳排放量的研究文献发表。Shui 和 Harriss（2006）利用经济投入产出生命周期评价（EIO-LCA）模型对 1997—2003 年中美贸易隐含碳排放量开展研究，发现 1997—2003 年中国碳排放量中有 7%~14% 是向美国出口商品中隐含的碳排放量，如果美国从中国进口的商品全部在美国生产，则美国碳排放量将会增加 3%~6%。IEA（2007）评估了中国出口贸易隐含碳排放量情况，提出中国 2001

---

① Gt 代表 10 亿吨。

年与能源相关的出口贸易隐含碳排放量占国内生产碳排放总量的32%，如果减去进口隐含碳排放量，中国对外贸易引起净出口隐含碳排放量为国内碳排放总量的17%。Li 和 Hewitt（2008）利用2004年中英双边贸易数据估测贸易隐含碳排放量，发现中英贸易增加了全球1.17亿吨碳排放量，该数值占英国碳排放总量的18%。Weber 和 Peters 等（2008）研究提出，中国1987—2002年出口隐含碳排放量占国内碳排放总量的比例扩大了9%，主要原因为发达国家的消费需求扩大。Pan Jiahua 和 Phillips Jonathan 等（2008）的研究结果显示，中国2002年净出口隐含能源和隐含碳排放量分别占当年一次能源总消费和碳排放总量的16%和19%，中国2006年碳排放量基于生产端核算为5500百万吨（Mt），基于消费端核算为3840Mt，提出在"后京都"时代的国际气候谈判和减排责任分配中，贸易隐含碳排放转移问题应受到重视，而且以消费端为基础的排放核算原则有利于国际排放责任的分配，可以避免由发达国家向发展中国家"转移碳排放"而引起的"碳泄漏"。Xu Ming 和 Allenby Braden 等（2009）的测算结果显示，中国2002—2007年向美国出口产品隐含能源和隐含碳排放量分别占国内总能源消费和碳排放总量的12%～17%和8%～12%。Wang 和 Watson（2009）研究指出，中国2001年因对外贸易净出口了大约11.09亿吨碳，占当年碳排放总量的23%，其中货物出口产生了大约14.9亿吨碳，中国的碳排放很大部分是由其他国家消费中国的产品引起的。Lin 和 Sun（2010）研究指出，中国产生的碳排放不仅用于自己消费，还为了满足外部需求。他们利用投入产出法分析了中国进出口隐含碳排放，发现中国2005年的出口贸易中隐含了3357 Mt碳排放量，而通过进口规避的碳排放量为2333Mt。

2.1.2 国内关于贸易隐含碳的相关研究

近年来，国内关于贸易隐含碳的研究逐渐丰富起来，特别是中国作为出口贸易大国，国内学者已经关注到贸易隐含碳排放对我的重要影响。齐晔和李惠民等（2008）估测了中国1997—2006年对外贸易隐含碳排放量，发现中国在这段时间内因为出口产品替其他国家排放了大量二氧化碳，1997—2004 年净出口隐含碳排放量在当年碳排放总量中的比例为 0.5%~2.7%，2004 年净出口隐含碳排放量在当年碳排放总量中的占比快速提高，2006 年该占比已经高达 10% 左右，证实了我国碳排放总量快速增加与贸易顺差扩大密切相关，中国和其出口国作为生产者和消费者，都应该对气候变化负责。陈迎、潘家华和谢来辉（2008）利用基于投入产出表的能源分析方法定量研究中国 2002—2006 年进出口商品中的内涵能源问题，提出自 1993 年以来中国成为石油净进口国，但由于存在规模巨大的商品进出口，中国实际上是内涵能源净出口大国。中国在 2002 年内涵能源出口总量约为 4.1 亿吨标煤，扣除内涵能源进口 1.7 亿吨标煤，内涵能源净出口达 2.4 亿吨标煤，约占当年中国一次能源消费总量的 16%，而且内涵排放净出口 1.5 亿吨碳。

宁学敏（2009）利用协整理论和误差修正模型，分析 1988—2007 年中国碳排放量与商品出口之间的关系，认为我国碳排放量与出口贸易之间存在长期均衡关系，而且两者存在双向因果关系，出口短期变动同样对碳排放量存在正向影响，因此出口商品是近年来我国碳排放量增加的重要因素。李丁、汪云林和牛文元（2009）在阐释贸易隐含碳排放量基础上，结合中国出口情况计算水泥出口贸易隐含碳排放量，提出中国 2006 年水泥出口贸易隐含碳排放量超过千万吨，因为是在中国进行的生产，所以按照相关国际条约的规定，这部分消耗实际上还需要由中国承担，其价值按照当年欧盟碳交易价格和外汇汇率估测约为 1.87 亿美元，约占中国水泥出口贸易额的 15.8%，远远超过中国水泥出口中平均 8%~12% 的利润率。

魏本勇、方修琦和王媛等（2009）以中国 2002 年对外贸易为例，细化出口贸易碳排放量估算方法，从最终需求角度估测中国各行业部门的出口贸易碳排放量，结果发现，中国为满足国外需求而产生的国内碳排放量为 261.19Mt，约占当年国内一次能源消费碳排放量的 23.45%。中国单位产值出口的平均碳排放量为 0.093~0.106 kgC，其中有 0.084kgC 在国内排放。余慧超和王礼茂（2009）引入投入产出法，利用经济、能源与贸易 3 个系统建立基于国际商品贸易的碳排放转移模型，计算 1997 年与 2002 年中美进出口贸易部门的碳排放转移数量。结果显示，中美商品贸易的中国部门载碳量在 1997 年与 2002 年分别达到 4010.13 万吨与 5056.21 万吨，分别占中国相应部门载碳总量的 6.61% 与 8.33%；中美商品贸易碳转移总量在 1997 年与 2002 年分别达 3719.75 万吨与 4719.60 万吨。

2009 年的哥本哈根气候大会引发国际社会各界的关注，由于有关问题与中国等发展中国家密切相关，因此国内关于贸易隐含碳排放的研究进入了新的阶段。李艳梅和付加锋（2010）利用投入产出法，先测算出中国 1997 和 2007 年的出口贸易隐含碳排放量分别是 290.61Mt 和 940.69Mt，在中国生产活动碳排放总量中的占比分别是 28.47% 和 45.53%。然后利用结构分解分析模型研究出口贸易隐含碳排放量变化的影响因素，提出直接碳排放强度效应、中间生产技术效应、出口总量效应和出口结构效应为主要影响因素，造成中国出口贸易隐含碳排放量增加的主要原因是出口总量不断增长，次要原因是中间生产技术的变化。许广月和宋德勇（2010）利用碳排放因素分解法，测算了我国 1980—2007 年的碳排放量，实证分析了出口贸易、经济增长与碳排放量三者之间的动态关系，发现它们存在长期协整关系，出口贸易是碳排放和经济增长的格兰杰（Granger）原因，而经济增长不是碳排放的 Granger 原因。张友国（2010）通过非竞争型投入产出表，计算了中国 1987—2007 年贸易隐含碳排放与部门分布和国别（地区）流向情况，并分解分析出六大影响因素，认为中国 2005 年后成为碳排放净输出国，贸易隐含碳排放量快速增加的主要原因是贸易规模扩大，抑制贸易隐含碳排放量增加的主要举措是行业部门能源强度降低。

马述忠和陈颖（2010）认为中国出口到发达国家的产品的隐含碳排放问题不容忽视，首先计算了 2002、2005 和 2007 年中国各个行业部门的碳排放率，其次基于单区域投入产出模型计算了中国 2000—2009 年的隐含碳排放量，提出了中国国内消费碳排放量相比国际数据要少很多，当时采用的碳排放测算方法夸大了中国碳排放责任；出口贸易规模快速增加导致中国碳排放总量增长，进口国特别是发达国家应该对所消费产品生产中排放的温室气体负责，世界各国需要加强合作以改善现有的碳排放量测算体制，探索建立国际排放新秩序，避免碳泄漏现象的持续发生。蒙英华和裴真（2011）通过 EIO-LCA 软件测算了中国向美国出口货物前十位行业部门的隐含碳排放量，结果显示，前十位的出口行业隐含碳排放量占总出口隐含碳排放总量的比例高达 75%。其中，隐含碳排放量最大的产品为办公用品、杂项制品、电信、录音及音响设备等，因此中国出口企业需要特别注意改进生产技术，这不仅可以改善中国的生态环境，而且有助于应对美国提出的"碳关税"不合理要求。黄敏和刘剑锋（2011）测算了中国 2002年、2005 年及 2008 年进出口贸易的隐含碳排放量，然后通过投入产出结构分解模型（IO-SDA）分析了影响外贸隐含碳排放量变化的驱动因素，发现中国隐含碳排放净出口量及其占当年国内碳排放总量的比重都有所增长；分两个阶段进行的分析证实，两个阶段进（出）口的规模效应都为正，结构效应有较大不同，中间投入效应有较大程度改善，两个阶段单位产值碳排放效应主要由单位产值能耗决定。

博京燕和张珊珊（2011）利用多边投入产出模型和单边投入产出模型，计算并比较了我国 1996—2004 年制造业 16 个分类的对外贸易隐含碳排放量，采用贸易隐含污染平衡（BEET）和环境贸易条件（PTT）指标检验了我国对外贸易的碳平衡问题，发现在这期间 BEET 和 PTT 指标都处于增长态势，指出我国单位出口隐含的碳排放量大于单位进口隐含的碳排放量。也就是说，我国出口产品的碳密集度大于进口产品的碳密集度。闫云凤（2011）在其博士论文中使用环境投入产出生命周期评价（EIO-LCA）模型，测算分析了中国进出口贸易隐含碳排放量及其产业分布，发现中国 1995 年的出口商品隐含碳排放量在当年碳排放总量中的占比为 10.03%，2008 年出口商品隐含碳排放量在当年碳排放总量中的占比上升至 26.54%，而进口商品隐含碳排放量在当年碳排放总量中的占比仅从 4.40% 小幅上升至 9.05%。这说明中国贸易不平衡背后是碳排放的不平衡，发达国家通过与中国的进出口贸易避免了本国大量的碳排放。张为付和杜运苏（2011）通过投入产出表分析了中国对外贸易隐含碳排放的失衡度，经计算后提出中国对外贸易隐含碳排放数量巨大且很不平衡；建议要以国际生产中碳排放转移为依据，为我国在国际贸易平衡谈判中争取主动权；同时需要重视调整我国的外向型经济政策，以降低对外贸易中的碳排放失衡程度。

石红莲和张子杰（2011）提出中国参与全球化的程度不断加深，对外贸易尤其是出口贸易发展迅速，但同时也向国外出口了大量隐含碳排放。利用投入产出表测算 2003—2007 年中国对美国出口产品的隐含碳排放量，发现出口产品隐含碳排放量随着中国对美国商品出口量的增加而增大，建议在开放经济条件下改变碳排放的核算体系；同时需要扩大内需以减少对国外市场的依赖，优化出口产品结构，增加出口产品的附加值。闫云凤和赵忠秀（2012）结合进口中间投入和投入产出分析法构建数理模型，分析我国进出口贸易隐含碳排放量，发现我国 2007 年生产隐含碳排放量比消费隐含碳排放量高了 4.53%，净出口隐含碳排放量为 2.98 亿吨，我国碳排放贸易条件是 0.93，我国单位出口的碳排放强度小于单位进口的碳排放强度。国际贸易总体来说有利于国内节能减排，但是需要构建公平、可持续的国际气候制度。杜运苏和张为付（2012）依据可比价投入产出表，采用结构分解分析法研究了中国出口贸易隐含碳排放增长及其驱动因素，提出中国出口贸易隐含碳排放的规模较大而且占中国碳排放总量的比例较高，在行业分布和国别流向方面表现出较高的集中度。中国出口规模扩大是导致出口贸易隐含碳排放增长的主要因素，出口结构改善对抑制碳排放增长的作用有限，在有些情况下出口结构恶化反而导致碳排放增加。

苑立波（2014）利用经合组织行业数据库和中国国家统计局发布的投入产出表，结合国际标准产业分类（ISIC），编制了中国 2005 年非竞争型投入产出表。依据 IPCC 碳排放计算方法，测算中国对外贸易隐含碳排放规模，结果发现 2005 年中国出口隐含碳排放量为 21.48 亿吨，约占中国碳排放总量的 38.8%；进口隐含碳排放量为 16.81 亿吨，约占中国碳排放总量的 30.4%；碳排放贸易余额为 4.67 亿吨，占碳排放总量的 8.4%。邓荣荣和陈鸣（2014）利用中国 1997—2007 年的（进口）可比价非竞争型投入产出表，测算中国进出口贸易的隐含碳排放量，发现我国的进出口贸易含碳量均呈现持续快速增长态势，但进口贸易含碳量的增长速度低于出口贸易含碳量的增长速度。除 1997 年与 1998 年外，我国的净贸易含碳量均为正值且数值不断增大，表明对外贸易对中国碳排放的综合影响是不利的；同时，进出口贸易隐含碳排放量的模拟测算结果表明，中国的碳减排空间巨大，如果能通过提高中国的能源效率、技术水平来降低中国的碳排放强度，那么国内减排效应与全球减排效应都将十分明显。

张云和唐海燕（2015）通过改进投入产出模型来推导行业部门生产、消费、出口、进口和净出口不同统计口径的隐含碳排放量计算公式，利用能源实物消耗量及排放系数直接测算行业部门的碳排放量，然后计算分析我国 29 个行业部门贸易平衡条件下的贸易隐含碳排放量，证实我国 2007 年出口和净出口隐含碳排放量占比都较高。潘安和魏龙（2015）利用 WIOD 提供的金砖国家投入产出数据和直接碳排放数据，建立 MRIO 计算 1995—2011 年中国与其他金砖国家的贸易隐含碳排放量，认为中国在与不同金砖国家贸易中所处地位存在异质性特征，主要表现为中国在中俄贸易中以贸易逆差换取碳减排，在中印贸易中以碳排放换取贸易顺差，在中巴贸易中隐含碳排放净出口和贸易逆差共存。刘宇（2015）使用区分加工贸易进口非竞争型的 2007 年投入产出表，测算了中国与主要贸易伙伴美国、日本、欧盟以及其他国家的双边贸易隐含碳排放量。结果显示，中国 2007 年因贸易产生的二氧化碳排放量只有 4 亿吨，远远低于预期；2007 年我国消费侧二氧化碳排放量只下降了 4 亿吨，为 56.28 亿吨，按照百分比来看，贸易转移碳排放量只占生产侧排放量的 6.6%，因此中国隐含碳排放量实际上没有那么大，不应再强调贸易转移对我国二氧化碳排放量的影响，而应该立足于我国自身的节能减排举措，大力发展低碳经济。

张兵兵和李祎雯（2018）利用新附加值贸易视角下的非竞争型投入产出法，测算 2000—2014 年中日两国 27 个行业部门的贸易隐含碳排放量，发现中国对日本虽然是贸易逆差国，但却是隐含碳排放的顺差国；与新附加值贸易统计方法相比，传统贸易统计方法高估了中国的贸易隐含碳排放量。孟凡鑫和苏美蓉等（2019）利用多区域投入产出模型和投入产出连接模型，评估中国各区域及中国对"一带一路"沿线重要国家商品和服务贸易中的碳排放量，分析双边贸易隐含碳排放的区域和行业流向。韩中和王刚（2019）采用多区域投入产出模型，测算了1995—2009年中美增加值贸易规模、净值，以及中美外贸隐含能源和隐含碳排放总体水平及其行业结构，发现与美国相比，中国的单位增加值能耗和碳排放水平较高，存在较大规模的隐含能源和隐含碳出口，并长期处于隐含能源和隐含碳净输出国状态。上述问题主要存在于中国的电力、燃气及水的供应等行业。

还有一些研究者主要利用分解分析方法，分析了中国出口贸易隐含碳排放的影响因素。陈红敏（2009）引入结构分解分析（SDA）方法，计算并分析了中国1992—1997年和1997—2002年的出口贸易隐含能变化的规模效应、技术效应和结构效应，其中技术效应又分解为能源利用技术效应和中间投入技术效应。结果发现，中国出口规模扩大是导致隐含能出口上升的主要原因，技术效应虽然是减少隐含能出口的关键因素，但结果并非绝对。1992—1997年，技术效应增加了中国的隐含能出口，而在1997—2002年技术效应减少了中国的隐含能出口。

黄敏和蒋琴儿（2010）采用投入产出模型，分析了外贸对中国碳排放的影响，发现中国隐含碳净出口的绝对数量及其在国内总排放中的占比增长较快，因素分解结果显示贸易规模的扩大是贸易隐含碳排放量增加的重要原因；2002—2005年，各部门技术效应有较大的差异，其中出口总技术效应为正向，而进口总技术效应却为反向，2005—2007年各部门的技术效应均为反向；贸易结构至关重要，2005—2007年出口总结构效应为正向，但进口总结构效应却为反向，2005—2007年进口总技术效应与结构效应之和超过了规模效应，因此隐含碳排放总进口减少。闫云凤和杨来科（2010）采用投入产出法和结构分解法，分析了我国出口贸易隐含碳排放的影响因素，发现我国出口隐含碳排放从1997年到2005年增加了202%，即14.64亿吨。其中，出口规模扩大是推动隐含碳排放量增加的主要因素，贡献率高达237%，生产结构和出口结构的变化分别促进其增长了65%和5%，排放强度降低只让其下降了105%。两位学者认为，中国在环境与贸易利益方面需要做出取舍，加快促进中国出口商品结构的优化，要根据行业和产品的排放量采取不同的限制政策和措施,关键是要促进此类产品的升级换代,鼓励高附加值产品的出口。

闫云凤、赵忠秀和王苒(2012)利用投入产出分析法分析了中欧贸易隐含碳排放量,发现1995—2010年中国对欧盟净出口隐含碳排放量占到中国碳排放总量的3.07%~8.41%。结构分解分析结果显示技术效应和结构效应有利于减少碳排放,但不足以抵消由规模效应引致的碳排放量增长。因此,欧盟应对中国的部分碳排放负责,否则欧盟虽然是节能减排的积极倡导者和实践者,但如果欧盟各国通过减少国内生产,增加从中国的进口来实现其减排目标,则其承诺将是毫无意义的。中国则需加大低碳技术的应用力度,改善生产结构和贸易结构。赵玉焕和王淞(2014)利用WIOD中的非竞争型投入产出表和多区域投入产出模型,测算1995—2009年中日贸易隐含碳排放,并利用SDA对中日贸易隐含碳排放量变化进行因素分解分析。结果显示,在影响中国1995—2009年对日本出口隐含碳排放量变化的因素中,规模效应促使隐含碳排放量增加,技术效应促使隐含碳排放量减少,结构效应影响比较小。

刘云枫和冯妹婷等(2018)利用结构分解分析方法并借助EORA数据库,分析了碳排放强度、投入产出结构、最终需求结构、最终需求规模4项驱动因素对1980—2013年中国碳排放量变化的影响,发现总体上碳排放强度降低对减缓碳排放的贡献最大,最终需求规模扩大和投入产出结构变化对碳排放增长的贡献最大。刘华军和石印等(2019)利用中国碳排放数据库(CEADs)发布的1997—2016年中国省级表观碳排放清单,利用Dagum基尼系数及方差分解方法,从碳源视角出发,探讨了中国碳排放的地区差距及其来源,发现天然气消费碳排放的地区差距最大,而水泥生产碳排放的地区差距最小。

2.1.3 贸易隐含碳佐证碳排放责任界定问题的研究评述

从上述总结可知,国内外学者对贸易隐含碳排放进行了较为广泛的研究,测量碳排放的对象可以分为:一个国家或地区对外贸易的单边视角测度（Weber and Peter，2009；Baiocchi，2010；林伯强，2012），两个国家或地区间贸易的双边视角测度（Lin and Sun，2010；Du，2011；闫云凤、赵忠秀，2013），以及针对全球或金砖国家等多个国家或地区间贸易的多边视角测度（Davis and Caldeira，2010；Peters，2011；Chen，2011）。

在研究方法方面，初期研究主要是利用统计数据模拟分析能源消耗、碳排放与国际贸易之间的关系，但是贸易自由化的深入及贸易规模的扩大对环境所造成的影响是多面而且复杂的，各种影响因素无法全部纳入分析模型之中，对模型变量的选取将会产生较大影响；而要选取合理的指标难度较大，指标选取结果对研究结论产生较大影响，同时相关性模拟分析一般是研究经济体整体情况，而较少关注行业结构性问题，因此不对各行业进行比较；随着研究的深入，很多研究开始采用投入产出分析法，这种方法较好地弥补了之前研究的不足，对各行业开展比较分析，从而使从产业结构和外贸结构角度研究贸易与碳排放之间的关系成为可能（黄敏、伍世林，2010）。因此，主流研究大部分采用单区域或多区域投入产出模型以及分解分析方法，测度或者分析隐含碳排放的影响因素。

在研究结论方面，相关研究证实了国际贸易中存在数量巨大的"碳排放转移"和"碳泄漏"，佐证了目前碳排放责任界定原则和方法所存在问题的逻辑。比如周新（2010）研究并提出了发达国家通过国际贸易，不仅转移碳排放并实现了自身的减排目标，还增加了发展中国家的碳排放。利用多区域投入产出分析法分析了国际贸易引起的"碳泄漏"问题，测算了包括中国在内的 10 个国家或地区的国际贸易隐含碳排放量，然后利用"消费者污染负担"原则及"生产者与消费者共同负担"原则分别核算各国或地区的温室气体排放量，结果显示美国是贸易隐含碳排放最大净进口国（464 $MtCO_2$），日本排在第二位（191$MtCO_2$）。这验证了国际贸易造成的"碳泄漏"问题不容忽视，会对实现全球减排目标产生负面影响。国际贸易对某些国家或全球的温室气体排放具有重要的影响，传统的基于领土范围的碳排放统计方法极易歪曲一国碳排放的真实情况，不仅会导致发达国家与发展中国家间出现"碳泄漏"现象，也会间接地导致全球碳排放量的增加（魏本勇等，2010）。在未来的国际气候谈判中，中国等发展中国家应该着眼于长远，高度重视国际贸易对各国及全球碳排放的影响。

在研究建议方面，发达国家通过国际贸易隐含碳排放可以获得较大收益。一方面，可减少本国国内的碳排放量，在国际气候谈判约定减排义务目标时可以减轻国内减排压力，而且边际减排成本存在递增规律，通过国际贸易转移碳排放，发达国家可以减少减排总成本和边际减排成本，获取大量隐性收益；另一方面，在国际碳排放权交易市场上，发达国家通过国际贸易转移碳排放，可以有效降低国际碳排放交易的需求量，不仅转移碳排放，还增加了发展中国家碳排放权的供给量，从而降低了交易的均衡价格，降低了购买（进口）碳排放权的成本，使国际气候谈判和减排政策的预期效果弱化。因此，中国等发展中国家为发达国家的碳减排做出了很大的贡献，发达国家应该为中国等发展中国家提供切实有效的气候与环境友好型技术援助（余慧超、王礼茂，2009）。无论从全球减排还是公平的角度分析，发达国家都有义务和责任积极地向中国等发展中国家转让先进的生产技术，以减少全球温室气体排放，从而实现全球减排行动中公平与效率的双赢（魏本勇等，2009）；而发展中国家除需要主动提高自身的生产效率和能源利用效率外，还需要改进和优化对外贸易结构，同时需要加强对贸易隐含碳排放的研究，通过理论和实证研究获取享有更大碳排放空间的依据，争取通过协作和谈判构建公平、可持续的国际气候制度，努力构建新的温室气体排放责任分担体系。

2.2　碳排放责任界定研究：旧方法争议与新原则探索

上述关于国际贸易隐含碳排放测度的研究，证实了现有碳排放责任界定方法的不合理性，有些研究者开始从解决问题的角度剖析了旧的界定方法的不足以及探索碳排放责任界定的新原则和新方法，有些学者从发展和公平角度对比分析了生产责任、消费责任和共担责任等界定原则的理论依据和不同结果，还有学者从人际公平等角度探讨了其他的界定方法和思路。以下分别进行总结。

2.2.1　反思现有碳排放责任界定方法存在的问题

将对国际贸易隐含碳排放测度的研究转移到对碳排放责任界定方法的研究，实际上就是在分析现有碳排放责任界定方法的不合理之处，除了这些相关研究之外，还有些学者进行了更具有针对性的研究。李丽平、任勇和田春秀（2008）研究认为，国际贸易会导致"碳泄漏"，中国的碳排放增长不仅要考虑历史发展的阶段性因素，更要考虑由现代贸易和投资引发的转移性因素。"碳出口"增加的问题应该引起我国气候变化政府谈判人员的高度重视，购买中国出口产品的消费者对中国碳排放增长负有不可推卸的责任，并指出中国需要在"后京都"谈判中重新界定温室气体排放的责任，以减轻减排压力。张为付和杜运苏（2011）有针对性地研究了中国对外贸易中隐含碳排放的失衡度，证实了中国在对外贸易中的隐含碳排放规模巨大而且失衡，这表明中国在对外贸易中的隐含碳排放大量增加是新一轮国际产业转移的结果，发达国家对中国碳排放应该承担部分责任，建议以国际生产中的碳排放转移为证据，争取我国在国际贸易平衡谈判中的主动地位；加强我国外向型经济政策的调整，减轻对外贸易中隐含碳的失衡；突破"节能减排"关键技术，减少国际贸易中的碳排放规模；积极推动国际贸易中的碳排放计算方法科学化，建立全球气候合作双赢机制。

闫云凤和赵忠秀（2012）构建数理模型分析我国进出口贸易隐含碳排放问题，发现我国2007年生产环节的隐含碳排放相比消费环节的隐含碳排放高了4.53%，净出口隐含碳排放量达2.98亿吨；提出要建立公平、可持续的国际气候制度，必须构建一个新的温室气体减排责任分担指标体系。王文治和杨爽等（2019）利用WIOD的世界投入产出数据，构建了区域间双边碳转移测算模型，并以贸易利益为分配因子采用了碳排放责任共担原则，在该原则下进一步设计了跨区碳排放补偿机制，发现发达国家和地区的单位增加值出口隐含碳排放与单位增加值进口隐含碳排放的比值远远低于发展中国家和地区，说明发达国家和地区以相对较低的环境成本获取了较高的贸易利益。

上述研究主要提出了构建新的碳排放责任界定方法或体系的建议，还有学者从消费者承担责任的角度进行研究，提出构建基于消费的碳排放核算体系。闫云凤（2011）研究提出发达国家通过与中国的进出口贸易避免了本国大量的碳排放，而一味地指责中国碳排放增长是不公平的，中国及其出口商品消费国应共同对中国碳排放负责，因此设计国际气候制度时需要考虑国际贸易对碳排放的影响；尝试构建基于消费的碳排放核算指标体系，并比较各国基于消费的排放与基于生产的排放之间的差异，分析国际贸易对碳排放核算体系的影响，试图界定各国的减排责任。

张为付、李逢春和胡雅蓓（2013）研究了国际分工语境下减少碳排放的责任分解问题，发现在国际分工演进脉络中，国际分工具有不同的生产和消费特征，发达国家和发展中国家碳排放存在着历史和现实的联系，据此提出了宏观层面应该实行共同但有区别的国家主体责任制度；从国际分工发展的角度看，跨国公司的产业国际转移行为引发了国际生产中碳排放主体的空间转移，据此提出从生产层面建立碳排放的生产主体责任制度；通过对国际二氧化碳消费主体的实证分析，国际贸易活动产生了碳排放的国际净转移和碳泄漏问题，隐含碳排放是区分碳排放国内消费责任或国际消费责任的重要指标，应该从消费层面建立碳排放的消费者主体责任制度。

闫云凤、赵忠秀和王苒（2013）认为生产技术差异对国际贸易模式有很大影响，在经济全球化背景下，对外贸易隐含碳排放量的测算需要考虑贸易伙伴的生产技术水平与能源结构之间的差异。通过建立多区域投入产出模型，测算中国对外贸易隐含碳排放量并比较其生产层面和消费层面碳排放责任，发现中国对外贸易隐含碳净出口排放量占中国国内碳排放量的比重为 11.77%~19.93%，中国生产层面碳排放量从 1995 年的 29.2 亿吨增加到 2009 年的 70.8 亿吨，而消费层面碳排放量在 1995 年和 2009 年分别只有 24.7 亿吨和 61.8 亿吨，证明了目前的国际碳排放核算体系引起了全球生产和消费环节的分离，经过贸易调整后的基于消费层面的碳排放核算体系不仅可为减排责任分担原则的制定提供一个新途径，而且可为利用贸易政策实现减排提供新的思路。

张云和唐海燕（2015）尝试构建国际贸易碳排放共担责任分配模型，计算了代表性行业的碳排放量在生产者和消费者共担责任原则下的可能结果，如金属冶炼及压延加工业、交通运输仓储和邮政业、化学工业3个行业在共担责任原则下有约30%责任应该由国外消费者承担。陈楠等（2016）测算了中国和日本1995—2011年的碳排放量，发现在共担责任原则下中日生产层面产生的碳排放量既高于国内消费层面产生的碳排放量，也高于对方国家分担的碳排放量。中国生产和消费层面产生的碳排放量均高于日本，中国为日本分担的碳排放量低于日本为中国分担的碳排放量。钟章奇等（2018）以贸易隐含碳排放量占全球贸易隐含碳排放总量的比例高达90%以上的39个国家为研究对象，构建了多区域投入产出分析模型；基于消费责任原则，核算了1995—2011年全球碳排放量，提出美国、印度和俄罗斯等国家的碳排放量较高，是全球碳排放的主要国家。

2.2.2 对比生产责任原则、消费责任原则以及共担责任原则

消费责任原则的提出是对现有生产责任原则的巨大挑战，在未取得共识的情况下，有些研究提出应该采用共担责任原则以消除分歧和获得国际社会的认可，因此一些文献对比分析3种原则的结果会有差异。徐盈之和邹芳（2010）尝试构建投入产出模型，从产业层面研究了我国27个产业部门在生产与消费活动过程中产生隐含碳排放的间接效应及其部分转移机制，并在此基础上从生产者和消费者两个角度实证分析了各产业部门的碳减排责任，发现各产业部门的碳减排责任呈现不同特点，提出需要从消费源头和生产源头促进建筑节能的设计和改造，建立以低碳为特征的现代交通运输体系，发展绿色交通运输，加大新能源和可再生能源的开发力度，优化能源结构，提高能源综合利用效率。

王文举和向其凤（2011）根据投入产出原理并结合国际双边贸易数据，对世界主要碳排放大国2005年进出口产品中的隐含碳排放量进行了核

算，给出了 2005 年世界主要国家的国内需求碳排放量以及贸易隐含碳排放量。结果显示，发展中国家由于替发达国家排放了数量巨大的二氧化碳，不是其碳排放的唯一责任方；分解分析国际贸易中的隐含碳排放进出口差额，计算各国贸易中碳排放净转移的规模效应、结构效应、纯技术效应和汇率效应，给出了生产者和消费者各自应承担的责任说明。蒋雪梅和汪寿阳（2011）提出国际贸易的存在为贸易品消费国提供了将环境污染转移至其他国家的机会，一国在"生产国责任"和"消费国责任"制度下的碳排放总量及责任会有巨大差异，我国已成为对外贸易与碳排放责任关系的重要研究对象；利用 1997 年、2002 年和 2007 年的非竞争型投入产出表及相关碳排放和贸易数据，测算了在"生产国责任"和"消费国责任"下我国对外贸易隐含碳排放量及其对我国整体碳排放责任的影响，认为在目前"生产国责任"制度下，只有鼓励发达国家向发展中国家转移先进的节能减排技术，鼓励生产污染密集型产品的国家提高清洁能源使用率，才能从根本上减少全球的碳排放总量。

史亚东（2012）在 Rodrigues 等指标模型基础上，利用全球贸易分析项目数据库，测算了在综合生产责任和消费责任原则下，中国、美国、日本等全球 10 个主要国家 2004 年的二氧化碳排放量，发现中、俄、印三国当年的碳排放量被高估，而美、日等其他国家当年的碳排放量被低估。周茂荣和谭秀杰（2012）分析了出口贸易中隐含碳排放是为满足进口国消费需求而产生的，先后提出了生产责任原则、消费责任原则及共担责任原则 3 种划分方式；指出我国碳净出口量已经位居全球第一，约占国内碳排放总量的 20%，采用生产责任原则对我国最为不利，消费责任原则虽大大减轻了我国的碳排放责任，但也存在问题，共担责任原则对我国碳排放责任的影响介于前两者之间，该原则的依据更为充分，而且作为前两者的折中方案更容易获得支持。秦昌才和黄泽湘（2012）以一个微观实例剖析了 3 种碳排放责任——生产责任、消费责任和共同责任的理论实质，通过比较说明了共同责任的合理性，提出了按照增加值占净产出的比例来分配碳排放权的共担责任模式，并从理论与实践两个角度论证了此模式的合理性、可行性和有效性；针对责任共担软约束的局限性，建议应做植入法律义务或产权的制度安排。

赵定涛和杨树（2013）提出国际贸易中隐含碳排放的责任归属，关系到国际减排框架的公平性与我国的切实经济利益，然后根据产业链各方共同分担责任的思路提出"共同责任"的分摊原则，建立了国际贸易碳排放责任分配的 SCR 测算模型，将贸易产业链中各方的排放责任在其自身、下游生产者和最终消费者间进行分配，还利用该方法实证测算了我国出口贸易中的三大重点行业，界定行业贸易双边责任，提出共担责任使国际贸易中出口国和进口国共同对产品生产中的碳排放负责，体现了受益与责任的相互匹配；在 SCR 模型中，中国作为出口国承担50%~80%的碳排放责任，剩余碳排放责任由进口国承担；在坚持"共同但有区别的责任"前提下，进口国和出口国共同承担碳排放责任，而分担的份额大小与行业附加值有关，附加值越低，进口国所承担的责任份额越大。徐盈之和郭进（2014）通过构建多区域投入产出模型，测算了 25 个世界贸易组织成员的隐含碳排放量，同时基于"生产者和消费者责任共担"原则对各国的碳排放量进行了测算，并与"生产者负担责任"原则下各国碳排放量进行对比，发现各国碳排放表现出不同的特征，共担责任原则对各国碳排放责任的界定更加公平和有效；中国的生产责任是美国生产责任的 1.4 倍，消费责任却只有美国消费责任的 1/10，中国和美国分别是"生产者负担责任"原则和共担责任原则下碳排放责任最大的国家，同时中国也是共担责任原则下碳排放责任减少幅度最大的国家。

许冬兰和王运慈（2015）利用改进的投入产出模型，在"生产—消费"双重负责制视域下分别计算了我国贸易隐含碳排放量及其差额（碳损失值），指出在两种角度下我国隐含碳排放都有了明显的增长，碳损失值也变化巨大，建议从消费者负责制视角重新界定碳排放的责任。张同斌和孟令蝶（2018）以世界投入产出数据库和世界发展指标数据库为基础，以优化碳排放共同责任测算方案中的责任分担系数为核心，科学测度与对比分析了 15 个代表性经济体的碳排放共同责任；从产品视角和碳排放视角对责任分担系数优化后，重新测算了各个国家在共同责任下碳排放量的结果，发现美国、日本、英国等发达国家的碳排放量有所上升，土耳其、墨西哥等新兴经济体国家的碳排放量维持稳定，而中国和俄罗斯等金砖国家的碳排放量明显下降。

2.2.3 从不同角度探讨其他界定原则相关研究

在界定碳排放责任时，除了按照消费责任原则、生产责任原则和共担责任原则之外，还有其他一些界定原则，这些原则主要从人际公平、历史发展等角度进行分析。潘家华和郑艳（2009）阐述在国际公平与人际公平下的碳排放概念，分析了主要国家经济发展与人均碳排放量之间的关系，测算比较了全球不同国家的人均累积碳排放量在全球历史和未来预估排放总量中的占比，提出分担减排责任需要综合考虑世界各国的历史责任、现实发展阶段及未来发展需求，指出发达国家应该率先减排，而且发展中国家还处于工业化进程中，未来需要有一定的排放空间；立足于人际公平的碳排放概念，既可以作为学术界研究国际碳排放权分配的理论工具，也可以作为发展中国家政府部门参与国际谈判的一种策略。吴卫星（2010）指出碳排放权与碳减排责任的分配是气候谈判中的核心问题，从以国家为单元分配排放指标的国际公平转向以人口为基础的人均平等分配排放指标，应该是一个基本的发展趋势；"紧缩与趋同"方法、"人均累积排放"方法、"一个地球、四个世界"的减排路线图均有一定的合理性与局限性，在"后京都"时代分配碳排放权时需要特别注意：分配正义与矫正正义的区分、罗尔斯正义两原则中"平等自由原则"与"差别原则"的区别、碳减排中的"三个世界"的划分。

樊纲、苏铭和曹静（2010）根据长期和动态思路，提出根据最终消费衡量各国碳排放责任，基于最终消费与碳减排责任关系计算世界各国1950—2005年的累积消费排放量，结果显示中国实际碳排放中约有14%~33%（或超过20%）是由其他国家消费需求导致的，而许多发达国家如英国、法国和意大利的情况则相反。他们还从福利角度讨论了根据消费者承担碳排放责任来制定分配指标的重要性，把国际社会应对气候变化的"共同但有区别的责任"原则扩展为"共同但有区别的碳消费权"原则，建议以1850年以来的（人均）累积消费排放量作为国际公平分担减排责任与义务的重要指标。纪玉山和赵洪亮（2010）提出了经济发展与能源需求的阶段性特征，表明特定历史阶段的碳排放权与经济发展权相统一，气候谈判中各国博弈的实质是对经济发展空间的争夺，通过分析影响碳排放量的各种因素和中国面临的特殊国情与发展阶段，进而在"共同但有区别的责任"原则基础上提出了"平等发展权"原则，说明为了保持我国经济可持续发展，只能坚持相对量减排而不能承诺总量减排。

彭水军和张文城（2012）从公平性角度探讨国际碳减排合作问题，研究提出公平性既是国际碳减排责任合作的核心原则之一，也是发展中国家继续积极参与国际碳减排合作的关键；但目前发达国家与发展中国家，以及不同学者之间对各种碳减排合作公平性问题的立场存在较大的分歧；减排公平性主要体现在历史排放、人均排放、减排能力、贸易碳排放转移和谈判程序5个维度上，能够被各国尤其是发展中国家广泛接受的国际碳减排合作框架必须充分考虑这5个维度；当前的研究主要强调了发达国家的历史排放责任和不合理的人均排放量，但是近年来国际贸易引发的碳排放转移对减排公平性的影响日益突出，综合考虑这些公平维度并形成合理、清晰、可操作的国际碳减排责任分配方案，是一个值得研究的重大课题。李开盛（2012）研究提出界定公正减排责任并达成共识，对推动全球温室气体减排谈判极为重要。罗尔斯正义论，使在气候变化领域建立一种超越国家利益的伦理共识成为可能，并可以得到如下减排原则：一是人均平等排放原则，也就是说，无论国籍、种族、肤色和经济发展水平，每个人都拥有通过一定碳排放提高生活水平的平等权利，以及通过限制碳排放保护全球环境的平等义务。二是差别原则，即在保证人类社会具有持续应对气候变化能力的条件下，允许不平等的减排安排，只要它有利于最少受惠者的最大利益。这两个原则分别界定了减排的标准和实现方式，使高排放国家与低排放国家在历史累计排放量和当前排放量上最终趋于一致（人均），落实这一理念的适当减排方案应基于工业化进程的动态"两个趋同"法。

李艳芳和曹炜（2013）研究提出"共同但有区别的责任"原则不是一个连贯、统一和清晰的原则，"共同但有区别的责任"在内涵上无法达到内部均衡，在使用上不能获得统一的解释，在实践中还受到各种因素干扰，以致国际社会应对气候变化的谈判陷入僵局，而且在不同语境和场合下，"共同但有区别的责任"原则被赋予了不同的功能，它有时被作为法律原则，有时被作为伦理准则，有时还被作为谈判策略，针对国际社会对这一原则的不同理解和运用，我国"在争取承担气候变化责任空间上"需要特别强调"共同但有区别的责任"原则的法律性，发展宽容与包容的伦理准则，并且在策略选择上随时根据我国的根本利益要求和国际关系格局的变化做出相应的调整。刘昌义和潘加华等（2014）研究了历史排放责任的科学基础，从自然科学角度论证了发达国家的历史排放是引发气候变化和全球变暖的主要根源，然后分析了统计等衡量历史排放责任不同方法的优缺点与不确定性；在分析碳预算下历史排放责任和"资金含义"的基础上，研究如何对历史排放的技术进步效应进行贴现，并归纳对历史排放进行贴现的依据：物理科学基础、法律与伦理要求、技术进步的溢出效应和现实政治谈判考虑，相关测算结果显示贴现方法减轻了发达国家的历史排放责任和"资金责任"；对比分析不同碳排放统计口径对中国的影响，提出在碳预算方案和公平获取可持续发展提案下，我国应利用技术贴现方法解决历史排放责任问题，化被动为主动，争取更有利的气候谈判地位。

林洁和祁悦（2018）梳理了减排责任分配涉及的公平原则及其 4 个主要维度，即排放责任、经济能力、人均主义和国家主义，评述了依据不同维度或维度组合制定的分配方案的研究进展和存在的问题，并将该领域错综复杂的分歧矛盾分为 3 个层次，即公平原则维度的选择、分配机制的设计和具体参数的设置。

2.2.4　碳排放责任界定相关研究评述

关于国际贸易隐含碳排放测度的研究，证实了国际贸易存在数量巨大的"碳排放转移"和"碳泄漏",佐证了目前碳排放责任界定方法存在不合理和不公平问题的逻辑。

有关学者基于该问题针对现有生产责任原则界定方法进行反思研究,证实"碳排放转移"问题是发展中国家对外贸易碳排放不公平的重要影响因素,发达国家通过该途径避免了本国大量的碳排放,因此发达国家忽视"碳排放转移",指责当前发展中国家的碳排放造成了污染,以及要求发展中国家承担更多减排责任是不公平的;为进一步阐述该问题,有些研究引入消费者承担责任的思路进行分析,提出要想构建公平、可持续的国际气候制度,需要构建一个新的温室气体减排责任分担指标体系,比如中国碳排放中以生产为基础的碳排放测算要大于以消费为基础的碳排放测算,证明在现有气候政策和国际贸易规则下存在碳泄漏问题,在全球碳减排责任分配上需要构建一个新的框架(Lin and Sun,2010)。

引入消费者承担责任的思想后,一些研究者开始对比分析生产责任原则、消费责任原则以及共担责任原则下的碳排放责任。根据基于消费原则的碳排放责任与基于生产原则的碳排放责任在计算上的差别,应该改变现有的核算办法和核算基础,以便正确地分配减排责任(Muñoz and Teininger,2010),引入消费者承担碳排放责任是碳排放责任界定方法研究上的巨大创新。然而,目前国际社会采用的是生产责任法,所以消费责任方法一经提出就受到攻击,特别是发达国家认为发展中国家出口产品虽然隐含大量碳排放,但是其自身确实在出口贸易中获得了利益。因此,有些学者提出由生产者和消费者共同承担责任。还有一些研究从发展和公平角度对比分析了生产责任、消费责任和共担责任等界定原则的理论依据和结果,尝试从人际公平等角度探讨其他的界定思路和方法。

已有研究不仅阐释了以往的碳排放责任界定方法存在不公平和不合理现象的问题,并提供了数据作为实证研究的依据,还为解决碳排放责任界定及减排义务分配的问题提供了可选方法。但是,总体上碳排放责任界定实证研究止步于通过不同标准测算排放量。关于责任界定所隐含经济利益的测度问题,文献检索表明目前国内外几乎还没有直接的针对性研究,与之相近的少数研究主要通过减排成本进行评估，而处于不同发展阶段的世界各国碳排放强度和边际减排成本差异较大，缺乏统一有效的测度标准，这也是目前还没有公认的被国际社会所接受的界定方法的重要原因（Peters，2012）。

2.3　碳泄漏效应研究启示：创新碳排放责任界定方法

2.3.1　碳泄漏效应相关研究

针对碳泄漏问题的研究可以分为理论和实证两方面。理论研究主要基于"污染天堂""向底线赛跑"等经典理论所持观点，提出发达国家提高环境规制强度会减少本国生产及碳排放规模，高污染、高排放产业可转移至环境规制标准相对较低的发展中国家，从而增加其碳排放量，阐述碳泄漏问题形成的理论逻辑。这部分理论探讨及对"污染天堂"假说等进行实证检验的研究较为丰富，但研究结论存在差异。碳泄漏实证研究得到的结论也不一致，比如 Felder 和 Rutherford（1993）、Smith（1998）、Paltsev（2001）、Aukland 等（2003）、Gerlagh 和 Kuik（2007）、Barker 等（2007）、Rosendahl 和 Strand（2009）、Kuik 和 Hofkes（2010）、Eichner 和 Pethig（2011）、刘红光和刘卫东等（2012）、牛玉静和陈文颖等（2012）、肖雁飞和万子捷等（2014）、Baylis 等（2014）、傅京燕和张春军（2014）、Carbone（2015）、邸玉娜（2016）等。

近年来，国外有学者通过设定假设前提和数理模型推导，发现碳泄漏存在负效应（Baylis and Fullerton，2014；Fischer and Salan，2014），引发了学术界对碳泄漏的影响及其效应评估的再思考。实证研究碳泄漏所得结论与传统的"污染天堂""向底线赛跑"等理论并不一致，碳泄漏存在负效应的观点，一方面可以解释实证研究所得结论与理论不一致的原因，另一方面对部分研究采用消费责任原则替代生产责任原则的合理性提出质疑，因为这忽略了碳泄漏负效应对减排发挥的积极作用。

2.3.2 研究创新与改进思考

本书尝试把碳泄漏效应纳入以隐含碳测度为基础的碳排放责任界定方法中，在解析贸易隐含碳、碳泄漏与碳排放责任界定逻辑关系的基础上，对经过数理推导论证的碳泄漏效应进行实证检验，提出并根据模拟结果改进碳排放共担责任的界定方法，最后提出政策动态优化和调整建议。研究改进思考如下：

第一，已有贸易隐含碳排放测算方法的主要目的是验证"污染天堂"假说和"环境库兹涅茨曲线"或计算相应的能源消耗，研究方法和结果具有一定局限性。本书尝试构建完全多区域投入产出模型以测算国际贸易隐含碳排放量，并以此为基础对比分析不同责任界定原则和方法的可能结果。准确、合理地测度中国行业层面贸易隐含碳排放量，既是开展分行业碳泄漏效应实证检验和碳排放责任估测的基础，也是提出国内产业结构升级、贸易开放政策调整建议的依据。

第二，碳泄漏正负分类效应的作用机制，是提出基于碳泄漏效应的碳排放责任界定优化方法的理论基础，其分行业关于存在逻辑的实证检验结果是验证研究可靠性和指导优化方法设计的应用基础。本书尝试在 Baylis 和 Fullerton（2014）、Fischer 和 Salan（2014）等研究的基础上，引入要素流动构建两部门（国家）、两产品和两要素一般均衡（CGE）模型，推导分析分类效应等作用机制。本书从行业内和行业间生产要素投入结构变动视角，推导论证碳泄漏正负效应作用机制的理论逻辑，补充已有研究从技术创新和溢出角度论证碳泄漏负效应之外的理论依据，并把净出口隐含碳排放强度作为划分行业的新标准，从分行业角度实证检验中国贸易开放引致碳泄漏正负效应的存在性，为改进碳排放责任界定方法和解决碳泄漏问题提供依据。

第三，本书尝试把贸易隐含碳、碳泄漏正负效应与碳排放责任界定纳入统一的分析框架，通过理论推导和估测提出碳排放共担责任原则的优化方法。一方面消除目前生产责任原则对发展中国家造成的不公平现象，另一方面充分考虑发达国家碳泄漏负效应的实际减排贡献。该方法兼顾可操作性和国际接受度。本书立足于国际气候谈判中的"共同利益妥协"开展研究，同时将理论研究的最终落脚点放在发展中国家的现实政策含义上，平衡研究方法的可操作性和相关结论的国际接受度，提出改进的碳排放共担责任界定方法，并以估测为基础阐述政策建议。

第3章　贸易隐含碳测度及影响碳排放
责任界定的分析

目前，碳排放责任界定基本遵循经合组织提出的"污染者付费"原则，但是这种基于生产责任原则的界定方法，不仅掩盖了开放经济条件下隐含碳排放的"责任转移问题"，还忽略了国际贸易中的碳泄漏现象。中国作为世界第一贸易大国，而且加工贸易占比较大，进出口商品"隐含"了大量碳排放，不同的碳排放界定方法，其结果会有较大差异。本章推导单区域投入产出模型，计算中国贸易隐含碳排放量，分析在生产责任原则和消费责任原则下碳排放责任归属的结果。

3.1　单区域投入产出模型与隐含碳测算方程

3.1.1　基于生产链排放的单区域投入产出模型推导

1. 单区域投入产出基本模型

投入产出分析法描述了行业部门之间的关系并对其开展经济分析和预测，在实际应用过程中它经历了一个逐步拓展的过程：首先，从封闭模式拓展为开放模式。起初把居民的消费作为劳动力再生产投入，同时居民的收入作为劳动力的产出，而且还假设两者存在线性函数关系，后来拓展为把中间产品作为内生变量，把投资、政府消费和居民消费或增加价值作为外生变量。其次，静态模型拓展为动态模型。起初不考虑时间因素，把投资作为最终产品，现在已经拓展为把投资从方程式右边移到左边，并且扩展为一个或多个矩阵，这样模型可以计算单位产值增加额所需的投资，使投资内生化。最后，单一投入产出模型的分析方法与现代科学管理方法互相融合，比如投入产出模型现在已经与计量经济、最优控制等各种理论方法结合。20 世纪 60 年代以后，发达国家和一些发展中国家纷纷采用投入产出理论分析经济产出。20 世纪 70 年代中期，我国开始编制 1973 年投入产出表，包含 61 种主要产品，之后又编制了 1979 年的 21 个部门价值型投入产出表，以及 1989 年的 146 种产品的实物型投入产出表与 26 个部门的价值型投入产出表。

Leontief 从 1970 年开始，采用投入产出分析法描述行业部门与环境污染之间的关系，取得了比较好的效果，随后投入产出模型被广泛用于分析经济和环境问题。投入产出分析法创立后得到快速发展，被广泛应用于经济分析领域，目前已经成为学术界研究国际贸易隐含碳排放量的主流方法，被证实为一种有效的、从宏观尺度评价嵌入商品和服务中的资源或污染程度的工具（魏本勇和方修琦等，2009）。单区域投入产出模型的基本模型为

$$X = AX + Y \tag{3-1}$$

推导得到：

$$X = (I - A)^{-1}Y \tag{3-2}$$

其中，X 是总产出列向量，$X = (x_1, x_2, \cdots, x_i, \cdots)^{-1}$；$AX$ 表示中间投入；Y 表示最终使用，即最终需求、最终消费；$A = x_{ij}/x_j$ 是直接消耗系数矩阵，表示第 j 个行业部门生产单位产品所直接消耗的第 i 个行业部门产品的数量；$(I - A)^{-1}$ 是里昂剔夫逆矩阵，元素为 α_{ij}。

2. 直接碳排放系数和隐含碳排放系数

各行业部门在生产过程中都需要消耗能源，直接或间接消耗化石能源就是产生碳排放的根源。为测度消耗能源得到产出过程中的碳排放量，设定各行业单位产出的直接碳排放量（即直接碳排放系数）是 c^d，c^d 是横向量 $(c_1^d, c_2^d, \cdots, c_j^d, \cdots)$，元素 c_j^d 代表行业 j 的直接碳排放系数。那么，所有行业总的碳排放量可以表示为

$$C^d = c^d X \tag{3-3}$$

可知，$c_j^d x_j$ 表示产出 x_j 的直接排放量。利用公式（3-2）可以得到所有行业总的碳排放量：

$$C^d = c^d X = c^d (I - A)^{-1} Y \tag{3-4}$$

任何产品在生产、运输、消费、处置过程中都会排放二氧化碳，特别是某一个行业在生产过程中都需要用其他行业生产的产品作为中间投入产品，而中间投入产品在生产过程中也会产生碳排放，把某个行业生产时直接和间接产生的碳排放量汇总，称为隐含碳，即产品在整个生产链上产生的碳排放量。为求解行业的隐含碳排放量，利用最终使用 Y 设定：

$$E^d Y = c^d (I - A)^{-1} Y \tag{3-5}$$

那么，各行业单位产出隐含的碳排放量（即隐含碳排放系数）：

$$E^d = c^d (I - A)^{-1} \tag{3-6}$$

其中，E^d 是横向量（E_1^d，E_2^d，$\cdots$，E_j^d，$\cdots$），E_j^d 代表行业 j 的单位最终使用的隐含碳排放量。进一步分析行业 j 的隐含碳排放量与直接碳排放量的关系，可以得到

$$E_j^d = c_1^d \alpha_{1j} + c_2^d \alpha_{2j} + \cdots + c_n^d \alpha_{nj} \tag{3-7}$$

可知，$E_j^d y_j$ 表示最终使用 y_j 的隐含碳排放量。

3. 直接消耗系数中进口产品的影响

当今世界绝大多数国家都会与其他国家进行进出口贸易，那么对于这类存在国际贸易的开放经济体来说，国内生产中的中间投入产品可以分为国内产品和进口产品两类，最终使用产品也可以分为国内产品和进口产品。换一个角度看，国内产品和进口产品都可以分为中间投入和最终使用两个去向。所以，直接消耗系数矩阵 A 可以表示为

$$A = A^{do} + A^{im} \tag{3-8}$$

用 A^{im} 表示进口产品（中间投入）的直接消耗系数矩阵：

$$A^{im} = MA \tag{3-9}$$

用 A^{do} 表示国内产品（中间投入）的直接消耗系数矩阵：

$$A^{do} = (I - M)A \tag{3-10}$$

其中，M 表示对角矩阵，代表直接消耗系数（矩阵）中的进口比例。假设进口品（中间投入）中各行业进入其他行业的比例相同，那么对角矩阵 M 中的元素 m_{ii} 表示为

$$m_{ii} = x_i^{im} / (x_i + x_i^{im} - y_i^{ex}) \qquad (3-11)$$

其中，x_i^{im} 代表进口，x_i 代表总产出，y_i^{ex} 代表出口。

分析进口产品的去向，总进口 X^{im} 可以表示为

$$X^{im} = A^{im}X + Y^{im} = A^{im}(I - A)^{-1}Y + Y^{im} \qquad (3-12)$$

其中，X^{im} 代表总进口，$A^{im}X$ 代表进口产品（中间投入），Y^{im} 代表进口产品（国内最终使用），$A^{im}(I - A)^{-1}Y$ 代表进口产品（中间投入）$A^{im}X$ 在经过国内生产流程后的最终产品形式。

3.1.2　基于碳排放责任界定的隐含碳测算公式解析

1. 国内外生产和消费碳排放分类计算公式

《联合国气候变化框架公约》把"地域"作为范围标准来核算一个国家或地区的碳排放量，这种方法采用了当前国际上主要遵循的"污染者付费"原则，实际上就是经合组织提出的生产责任原则。这种基于生产责任原则的国际碳排放界定方法，不仅掩盖了开放经济条件下隐含碳排放带来的"责任转移问题"，也忽略了国际贸易中的碳泄漏现象。另一种消费责任原则主要关注"消费排放"，不管产品在国内还是在国外生产，消费国最终消费的产品在生产过程中的直接和间接排放都由消费国负责。可见，生产责任原则和消费责任原则对进出口贸易规模较大国家的碳排放责任界定都会产生重要影响。

中国是进出口贸易大国，特别是加工贸易占比较大，无论是进口产品在国外生产过程中的碳排放，还是出口产品在国内生产过程中的碳排放，数量都是巨大的。借鉴 Ahmad 和 Wyckoff（2003）、Lin 和 Sun（2010）等的研究，一个国家生产过程中所涉及的隐含碳排放量根据生产国和消费国的不同，可以分为Ⅰ、Ⅱ、Ⅲ、Ⅳ4 类，即国内产品、国外产品（进口产品）根据国内消费、国外消费进行分类（见表3-1）。

表 3-1 基于生产和消费责任原则的排放量测算分类

	国内消费	国外消费	隐含碳排放量
国内生产	I	II	Q^{eep}
国外生产	III	IV	Q^{eei}
隐含碳排放量	Q^{eec}	Q^{eee}	

根据产品进出口流向，表 3-1 基于生产责任原则和消费责任原则对碳排放量测算进行分类。国内产品进入最终使用 Y 的产品可以分为两部分：出口 Y^{ex} 和国内使用（$Y - Y^{ex}$），因此得到：

$$E^d Y = E^d(Y - Y^{ex}) + E^d Y^{ex} \tag{3-13}$$

所以，国内生产、国内消费的产品（即表 3-1 中的 I）的碳排放为

$$E^d(Y - Y^{ex}) = c^d(I - A)^{-1}(Y - Y^{ex}) \tag{3-14}$$

国内生产、国外消费的产品（即表 3-1 中的 II）的碳排放为

$$E^d Y^{ex} = c^d(I - A)^{-1} Y^{ex} \tag{3-15}$$

与国内产品相对应的是国外产品（进口产品），它有两个去向：一是用于国内最终使用（消费），二是用于中间投入。也就是公式（3-12）所表示的。

假设所有国家（包括所有出口国）具有相同的行业碳排放系数矩阵 E_d，则进口产品 X^{im} 的隐含碳排放量为

$$E^d X^{im} = E^d A^{im} X + E^d Y^{im} = E^d A^{im}(I - A)^{-1} Y + E^d Y^{im} \tag{3-16}$$

其中，进口产品（中间投入）的排放量为

$$E^d A^{im} X = E^d A^{im}(I - A)^{-1} Y \tag{3-17}$$

假定 $E^{im} Y = E^d A^{im}(I - A)^{-1} Y$，可以得到：$E^{im} = E^d A^{im}(I - A)^{-1}$，这是进口产品（中间投入）经过国内生产流程后的排放矩阵。

进口产品（中间投入）$A^{im} X$ 经过国内生产流程后一部分被出口，用于国外消费（即表 3-1 中的 IV），另一部分用于国内最终使用（消费）。分解最终使用中的出口部分 Y^{ex}，进口产品（中间投入）经过国内生产流程后的出口部分的碳排放量为

$$E^{im} Y^{ex} = E^d A^{im}(I - A)^{-1} Y^{ex} \tag{3-18}$$

代入排放系数矩阵，表3-1中的Ⅳ表示为

$$E^{im}Y^{ex} = c^d(I-A)^{-1}A^{im}(I-A)^{-1}Y^{ex} \qquad (3-19)$$

表3-1中的Ⅲ代表国外生产、国内消费的产品，包括了两部分：一是进口产品直接进入国内最终使用（消费）部分（Y^{im}），二是进口产品（中间投入）经过国内生产流程后进入国内最终使用部分。所以，表3-1中的Ⅲ表示为

$$E^d Y^{im} + E^{im}(Y - Y^{ex}) = E^d Y^{im} + E^d A^{im}(I-A)^{-1}(Y-Y^{ex})$$
$$= c^d(I-A)^{-1}[Y^{im} + A^{im}(I-A)^{-1}(Y-Y^{ex})]$$

$$(3-20)$$

2. 进出口贸易净隐含碳排放量测算公式

结合产品进出口流向，并对基于生产和消费责任原则对碳排放量的测算进行分类，可得到表3-1中各部分碳排放量的测算公式：

国内生产、国内消费的产品（Ⅰ）的碳排放量测算公式：

$$E^d(Y - Y^{ex}) = c^d(I-A)^{-1}(Y-Y^{ex})$$

国内生产、国外消费的产品（Ⅱ）的碳排放量测算公式：

$$E^d Y^{ex} = c^d(I-A)^{-1}Y^{ex}$$

国外生产、国内消费的产品（Ⅲ）的碳排放量测算公式：

$$E^d Y^{im} + E^{im}(Y - Y^{ex}) = c^d(I-A)^{-1}[Y^{im} + A^{im}(I-A)^{-1}(Y-Y^{ex})]$$

国外生产、国外消费的产品（Ⅳ）的碳排放量测算公式：

$$E^{im}Y^{ex} = c^d(I-A)^{-1}A^{im}(I-A)^{-1}Y^{ex}$$

对上述公式进行归类，得到生产、消费、出口和进口4个口径统计的碳排放量测算公式：

$$国内生产产品隐含的碳排放量：Q^{eep} = Ⅰ+Ⅱ \qquad (3-21)$$

$$国内消费产品隐含的碳排放量：Q^{eec} = Ⅰ+Ⅲ \qquad (3-22)$$

$$出口产品隐含的碳排放量：Q^{eee} = Ⅱ+Ⅳ \qquad (3-23)$$

$$进口产品隐含的碳排放量：Q^{eei} = Ⅲ+Ⅳ \qquad (3-24)$$

对于进出口贸易隐含碳排放量而言，一国进出口贸易平衡条件下的净隐含碳排放量是出口产品隐含碳排放量减去进口产品隐含碳排放量，计算

公式为

$$Q^{trade} = Q^{eee} - Q^{eei} = E^d Y^{ex} - E^d Y^{im} - E^d A^{im} (I - A)^{-1} (Y - Y^{ex})$$

$$(3-25)$$

对公式（3-24）进行分析，一国进出口贸易平衡条件下的净隐含碳排放量 Q^{trade} 等于 Ⅱ-Ⅲ，也等于 $Q^{eep} - Q^{eec}$。

3.2 基于 SRIO 的中国贸易隐含碳排放测算

3.2.1 数据来源与整理

从国家统计局等网站和中经网数据库，笔者查询和收集了 1987 年（33 部门）、1990 年（33 部门）、1992 年（33 部门）、1995 年（33 部门）、1997 年（40 部门）、2000 年（17 部门）、2002 年（42 部门）、2005 年（42 部门）和 2007 年（42 部门）共 9 张投入产出表。另外，从中国投入产出学会网站收集整理了 1990 年、1992 年、1995 年、1997 年、2000 年、2002 年、2005 年、2007 年、2010 年投入产出表中的数据。其中，2007 年的投入产出表是目前为止中国公布的数据最全面的投入产出表，而 2010 年的投入产出表是之前投入产出表的延长表。延长表根据最近调查年份的资料编制，不采取直接调查的方式，因此 2007 年的投入产出表最具有研究可靠性。

本书研究的产品主要为工业部门产品，而且工业部门消耗能源占比也较大，因此选择"工业品出厂价格指数"作为相关变量的价格调整指数，并以 2007 年为基准期调整投入产出表中的相关数据。计算使用的各行业部门消耗能源数据来自《中国能源统计年鉴》，从各年的《中国能源统计年鉴》获得行业部门消耗能源的种类共计 18 类，分别为原煤（万吨）、洗精煤（万吨）、其他洗煤（万吨）、焦炭（万吨）、焦炉煤气（亿立方米）、其他煤气（亿立方米）、其他焦化产品（万吨）、原油（万吨）、汽油（万吨）、煤油（万吨）、柴油（万吨）、燃料油（万吨）、液化石油气（万吨)、炼厂干气(万吨)、其他石油制品(万吨)、天然气(亿立方米)、热力(万百万千焦)、电力(亿千瓦小时)。对比发现,不同年度的投入产出表和《中国能源统计年鉴》划分行业部门的方法和口径是不同的,为统一比较口径,调整归类得到数据具有延续性的 29 个行业部门。

3.2.2 能源和行业碳排放系数计算

1. 各类能源碳排放系数

本书尝试利用能源实物消耗量和碳排放系数,直接计算各个行业部门的碳排放量,这比大部分研究把能源归类为固、液、气体 3 类或换算为标准煤计算碳排放量更为准确,可以尽可能地减少归类和换算过程中产生的误差。《中国能源统计年鉴》显示各行业部门所消耗的能源实物类型共计 18 类,根据政府间气候变化专门委员会(IPCC)2006 年公布的计算公式,可以计算原煤、洗精煤、其他洗煤、焦炭、焦炉煤气、其他煤气、其他焦化产品、原油、汽油、煤油、柴油、燃料油、液化石油气、炼厂干气、其他石油制品、天然气、热力、电力等 18 类能源的碳排放系数,具体结果见表 3-2。第 k 种能源的碳排放系数 θ_k 计算公式为

$$\theta_k = NCV_k \times CC_k \times COF_k \times (44/12) \qquad k = 1, 2, 3\cdots \qquad (3-26)$$

其中,NCV_k 表示能源的平均低位发热量,单位是 kJ/kg 或 kJ/m³;COF_k 表示碳氧化因子,IPCC 取缺省值 1;二氧化碳和碳的分子量分别为 44 和 12。

表 3-2 18 类能源的碳排放系数

能源类型	碳排放系数	单位	能源类型	碳排放系数	单位
原煤	1.8953	kgCO₂/kg	煤油	3.0933	kgCO₂/kg
洗精煤	2.3881	kgCO₂/kg	柴油	3.1571	kgCO₂/kg
其他洗煤	0.7581	kgCO₂/kg	燃料油	3.2328	kgCO₂/kg
焦炭	3.0735	kgCO₂/kg	液化石油气	3.1623	kgCO₂/kg
焦炉煤气	1.2381	kgCO₂/m³	炼厂干气	3.3749	kgCO₂/kg
其他煤气	0.3869	kgCO₂/m³	其他石油制品	3.0952	kgCO₂/kg
其他焦化产品	2.6882	kgCO₂/kg	天然气	2.1825	kgCO₂/m³

续表

能源类型	碳排放系数	单位	能源类型	碳排放系数	单位
原油	3.0643	$kgCO_2/kg$	热力	0.1130	$kgCO_2/MJ$
汽油	2.9826	$kgCO_2/kg$	电力	1.1040	$kgCO_2/(kW \cdot h)$

注:"其他煤气""其他焦化产品""其他石油制品"的平均低位发热量为平均数。

2. 行业部门直接碳排放系数

本书通过对2007年的投入产出表和《中国能源统计年鉴2008》进行对比,调整归类得到数据具有延续性的、统计口径相对一致的29个行业部门,然后整理《中国能源统计年鉴2008》中统计的各部门的各类能源实物消耗量及其碳排放系数,分别计算29个行业部门的碳排放量。需要指出的是,在上文提及的18类能源中,热力、电力作为二次能源,在终端使用过程中并不产生碳排放,需归类到电力、热力的生产和供应业的生产中,以避免重复计算。整理中国29个行业部门的总产出,计算2007年中国29个行业部门的直接碳排放系数(见表3-3)。

表3-3 2007年中国29个行业部门的直接碳排放系数

单位:$tCO_2/$万元

序号	分类	1997年	2002年	2007年	2010年
1	农林牧渔业	0.1823(23)	0.1713(22)	0.152(17)	0.1113(14)
2	煤炭开采和洗选业	2.2374(7)	1.3099(7)	1.285(4)	0.6535(4)
3	石油和天然气开采业	2.3170(6)	1.4247(6)	0.470(9)	0.4276(6)
4	金属矿采选业	0.6484(13)	0.5168(12)	0.178(14)	0.1159(13)
5	非金属矿及其他矿采选业	0.6714(12)	0.7064(10)	0.326(10)	0.2153(10)
6	食品制造及烟草加工业	0.4549(15)	0.4031(14)	0.156(16)	0.0963(17)
7	纺织业	0.4024(18)	0.3832(15)	0.179(13)	0.1097(15)
8	纺织服装鞋帽皮革羽绒及其制品业	0.0848(29)	0.0983(25)	0.051(26)	0.0342(26)
9	木材加工及家具制造业	0.3033(19)	0.1736(21)	0.092(20)	0.0686(20)
10	造纸印刷及文教体育用品制造业	0.7151(11)	0.5024(13)	0.295(11)	0.2278(9)

序号	分类	1997 年	2002 年	2007 年	2010 年
11	石油加工、炼焦及核燃料加工业	3.3029 (4)	2.076 (3)	0.964 (5)	0.5663 (5)
12	化学工业	1.8945 (9)	1.2847 (8)	0.689 (6)	0.4201 (7)
13	非金属矿物制品业	2.9903 (5)	3.9546 (1)	1.734 (1)	1.0937 (2)
14	金属冶炼及压延加工业	5.0432 (1)	2.8831 (2)	1.731 (2)	1.4586 (1)
15	金属制品业	0.2458 (22)	0.2217 (18)	0.072 (22)	0.0528 (21)
16	通用、专用设备制造业	0.4199 (17)	0.2161 (19)	0.116 (18)	0.0795 (19)
17	交通运输设备制造业	0.2937 (20)	0.1798 (20)	0.068 (24)	0.0443 (24)
18	电气、机械及器材制造业	0.1389 (26)	0.0908 (26)	0.028 (27)	0.0205 (28)
19	通信设备、计算机及其他电子设备制造业	0.0878 (28)	0.0423 (29)	0.016 (29)	0.0133 (29)
20	仪器仪表及文化办公用机械制造业	0.1519 (24)	0.0805 (27)	0.022 (28)	0.0209 (27)
21	工艺品及其他制造业（废品废料）	0.4425 (16)	0.3557 (16)	0.071 (23)	0.0484 (23)
22	电力、热力的生产和供应业	1.7590 (10)	0.7327 (9)	0.214 (12)	0.1449 (12)
23	燃气生产和供应业	4.1316 (2)	1.8608 (4)	0.672 (7)	0.1762 (11)
24	水的生产和供应业	0.1437 (25)	0.1324 (24)	0.078 (21)	0.0486 (22)
25	建筑业	0.1187 (27)	0.0794 (28)	0.052 (25)	0.0381 (25)
26	交通运输、仓储和邮政业	3.8778 (3)	1.6343 (5)	1.313 (3)	1.0092 (3)
27	批发、零售业和住宿、餐饮业	0.2646 (21)	0.1359 (23)	0.116 (19)	0.0866 (18)
28	其他行业	0.5431 (14)	0.2668 (17)	0.171 (15)	0.1029 (16)
29	生活消费	2.1576 (8)	0.6981 (11)	0.497 (8)	0.3814 (8)

注：表中小括号里面的数字是排序编号。

3.2.3 不同口径下中国隐含碳排放计算

根据公式（3-14）、公式（3-15）、公式（3-19）和公式（3-20），计算中国 29 个行业部门在表 3-1 中Ⅰ、Ⅱ、Ⅲ和Ⅳ四部分的碳排放量；然后根据生产、消费、出口、进口及净出口等 5 个口径的碳排放测算公式（3-21）、公式（3-22）、公式（3-23）、公式（3-24）和公式（3-25），计算中国 29 个行业部门 2007 年生产、消费、出口、进口及净出口的碳排放量。

　　把 29 个行业部门的生产、消费、出口、进口及净出口的碳排放量进行汇总，得到的计算结果用图 3-1 表示。2007 年，中国按生产责任原则统计的碳排放量为 6022.56MtCO$_2$，按消费责任原则统计的碳排放量为 5683.51MtCO$_2$，按出口原则统计的碳排放量为 1523.84MtCO$_2$，按进口原则统计的碳排放量为 1184.80MtCO$_2$，由出口减去进口计算的净出口碳排放量为 339.04MtCO$_2$。它既是出口产品国内碳排放量与进口产品国外碳排放量的差额，也是国内生产与国内消费产生碳排放量的差额。从汇总结果来看，339.04MtCO$_2$ 的排放量按照生产责任原则可归为中国的排放责任，但是按照消费责任原则不应该归为中国的排放责任，当然这部分排放所对应的减排责任也应该调整。

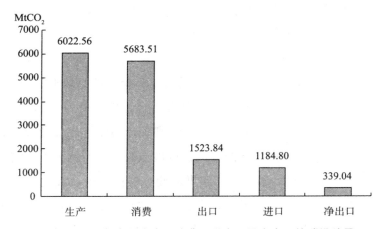

图 3-1　2007 年中国生产、消费、进出口及净出口的碳排放量

　　下面将对 29 个行业计算得到的 2007 年生产、消费、出口、进口及净出口的碳排放量进行分析。

　　（1）中国 2007 年按生产责任原则统计的碳排放量最大的 5 个行业为：金属冶炼及压延加工业，化学工业，交通运输、仓储和邮政业，非金属矿物制品业，石油加工、炼焦及核燃料加工业，合计排放量为

4378.98MtCO$_2$，占比约为72.7%；按生产责任原则统计的碳排放量最小的5个行业为：木材加工及家具制造业、燃气生产和供应业、纺织服装鞋帽皮革羽绒及其制品业、仪器仪表及文化办公用机械制造业、水的生产和供应业，合计排放量为39.89MtCO$_2$，占比约为0.7%。

（2）中国2007年按消费责任原则统计的碳排放量最大的5个行业为：金属冶炼及压延加工业，化学工业，交通运输、仓储和邮政业，非金属矿物制品业，石油加工、炼焦及核燃料加工业，合计排放量为4107.70MtCO$_2$，占比约为72.3%，与按生产责任原则统计的碳排放量最大的5个行业名称相同且排序也一致；按消费责任原则统计的碳排放量最小的5个行业为：燃气生产和供应业、木材加工及家具制造业、纺织服装鞋帽皮革羽绒及其制品业、仪器仪表及文化办公用机械制造业、水的生产和供应业，合计排放量为33.06MtCO$_2$，占比约为0.6%，与按生产责任原则统计的碳排放量最小的5个行业名称相同。由此可判断，以生产责任原则和消费责任原则计算的行业碳排放结构趋于相近。

（3）中国2007年按出口原则统计的碳排放量最大的5个行业为：金属冶炼及压延加工业，化学工业，交通运输、仓储和邮政业，石油加工、炼焦及核燃料加工业，非金属矿物制品业，合计排放量为1171.50MtCO$_2$，占比约为76.9%，与按生产和消费责任原则统计的碳排放量最大的5个行业名称相同；按出口原则统计的碳排放量最小的5个行业为：工艺品及其他制造业（废品废料）、燃气生产和供应业、仪器仪表及文化办公用机械制造业、建筑业、水的生产和供应业，合计排放量为7.96MtCO$_2$，占比约为0.5%，与按生产和消费责任原则统计的碳排放量最小的行业中有3个行业名称相同，工艺品及其他制造业（废品废料）和建筑业这两个行业不同。由此可判断，我国出口碳排放量较大行业与国内生产、消费碳排放量较大行业的结构相近，但是与出口碳排放量最小行业的结构相比出现变化，这可能与行业的产品特点和出口需求有关。

（4）中国2007年按进口原则统计的碳排放量最大的5个行业为：金属冶炼及压延加工业，化学工业，交通运输、仓储和邮政业，石油加工、炼焦及核燃料加工业，非金属矿物制品业，合计排放量为 900.22MtCO$_2$，占比约为 76.0%，与按生产、消费及以出口原则统计的碳排放量最大的 5 个行业名称相同；按进口原则统计的碳排放量最小的 5 个行业为：工艺品及其他制造业（废品废料）、燃气生产和供应业、仪器仪表及文化办公用机械制造业、建筑业、水的生产和供应业，合计排放量为 7.18MtCO$_2$，占比约为 0.6%，与按出口原则统计的碳排放量最小的 5 个行业名称相同。据此可以判断，我国进口和出口所隐含碳排放量最大的行业结构与国内生产和消费隐含碳排放量最大的行业结构相近，这在一定程度上反映出我国出口行业结构与国内产业结构类似。

（5）中国 2007 年按净出口原则统计的碳排放量最大的 5 个行业为：金属冶炼及压延加工业，交通运输、仓储和邮政业，化学工业，非金属矿物制品业，纺织业，合计排放量为 288.65MtCO$_2$，占比约为 85.1%，与前述 4 个原则统计的排放量最大的 5 个行业相比，纺织业替代了石油加工、炼焦及核燃料加工业；按净出口原则统计的碳排放量最小的 5 个行业为：水的生产和供应业，仪器仪表及文化办公用机械制造业，通用、专用设备制造业，金属矿采选业，石油和天然气开采业，合计排放量为 −28.69MtCO$_2$（实际上是进口碳排放量大于出口碳排放量）。

（6）图 3-2 显示了中国 29 个行业部门按生产、消费原则计算的隐含碳排放量，其中曲线为各个行业"生产−消费"的隐含碳排放量占生产隐含碳排放量的比例，即行业部门的生产隐含碳排放量与消费隐含碳排放量之差占生产隐含碳排放的比重，实际上也就是净出口隐含碳排放量占生产隐含碳排放量的比例，显然占比最大的是纺织业、纺织服装鞋帽皮革羽绒及其制品业、木材加工及家具制造业、造纸印刷及文教体育用品制造业、金属制品业，说明这些行业的国内生产隐含碳排放量在很大程度上是替代国外排放。

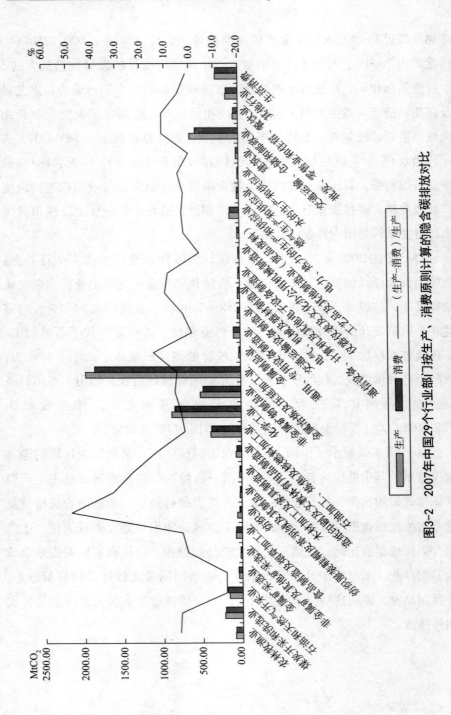

图3-2 2007年中国29个行业部门按生产、消费原则计算的隐含碳排放对比

3.2.4 中国 29 个行业碳排放对比分析

本书根据相关年份的投入产出表和《中国能源统计年鉴》，计算中国 29 个行业在 1997 年、2002 年、2007 年和 2010 年 4 年中的碳排放量及排放强度，并根据这 4 年的碳排放数据进行总量和行业分析。

1997 年、2002 年、2007 年和 2010 年 4 年各行业总排放量累计汇总结果见图 3-3，图中显示 4 年累计排放量最大的前 10 个行业包括：金属冶炼及压延加工业，化学工业，生活消费，非金属矿物制品业，交通运输、仓储和邮政业，电力、热力的生产和供应业，其他行业，石油加工、炼焦及核燃料加工业，煤炭开采和洗选业，纺织业，占比高达 80% 左右。而前五大行业排放占比高达 61%，其中金属冶炼及压延加工业、化学工业的累计碳排放量分别排在第一位和第二位，合计占比高达 35%。生活消费的累计碳排放量排在第三位，说明我国用于生活消费的能源消耗产生的碳排放量也较大。4 年累计排放量最小的行业包括：木材加工及家具制造业、纺织服装鞋帽皮革羽绒及其制品业、水的生产和供应业、燃气生产和供应业、仪器仪表及文化办公用机械制造业，这些行业在这 4 年总的碳排放量较小，合计占比只有 1.6%。这说明中国行业碳排放量比较集中，4 年累计排放量占比较高的行业是我国节能减排和产业结构低碳优化的主要对象，对于实现减排目标具有举足轻重的作用。

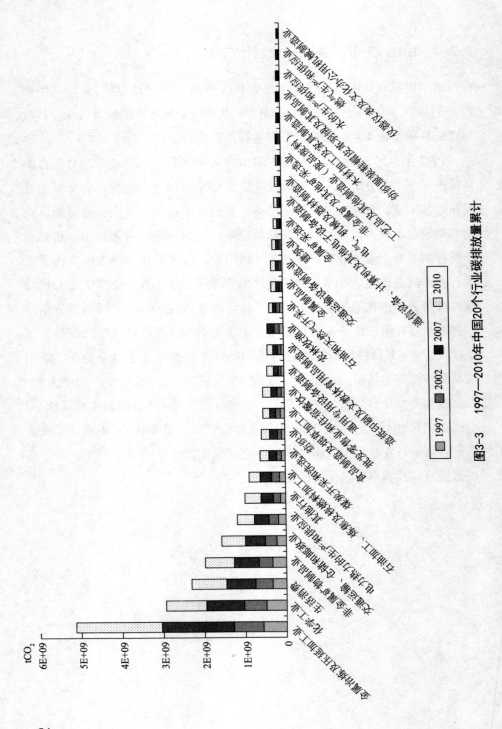

图3-3 1997—2010年中国20个行业碳排放量累计

4 年累计的碳排放量只是计算了这些行业各自的总排放量，并没有考虑排放强度因素，而总排放量取决于总的能源消耗量和排放强度系数，故国家和行业的排放强度是较为重要的因素。以下分析中国 29 个行业中每个行业以及整体的排放强度，图 3-4 显示各年中国 29 个行业的整体排放强度（直接碳排放强度），图 3-5 显示 29 个行业中每个行业的碳排放强度。依据中国 29 个行业中每个行业在 1997 年、2002 年、2007 年和 2010 年的能源消耗产生的碳排放总量与经济整体产出计算得到的排放强度，从其变化趋势可以看出，我国能源消耗的碳排放强度逐渐降低，2007 年排放强度为 0.8761tCO$_2$/万元，与 1997 年的 1.6489 tCO$_2$/万元相比已经下降近 50%；2010 年为 0.6720tCO$_2$/万元，约为 1997 年的 41%，约为 2002 年 1.2810tCO$_2$/万元的 52%，这说明我国经济生活中的能源利用效率和碳排放效率总体上在提高。

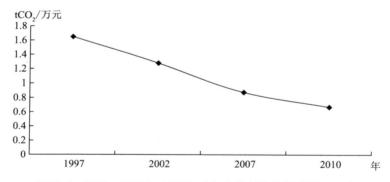

图 3-4 1997—2010 年中国 29 个行业的整体直接碳排放强度

为进一步比较分析 29 个行业的碳排放变化情况，本书计算了各个行业能源消耗的碳排放强度，具体内容见图 3-5。在图 3-5 中，各行业的碳排放强度从 1997 年到 2010 年基本处于下降趋势，1997 年各行业的碳排放强度相对较大，而 2010 年各行业的碳排放强度相对较小，这与我国碳排放强度的整体变化情况一致。与 1997 年相比，2002 年非金属矿物制品业，非金属矿及其他矿采选业，工艺品及其他制造业（废品废料），金属制品业，纺织业，纺织服装鞋帽皮革羽绒及其制品业，农林牧渔业，食品制造及烟草加工业，电气、机械及器材制造业等行业的碳排放强度略有提高，其余行业的碳排放强度均降低。与 2002 年相比较，2007 年各行业的碳排放强度均降低。与 2007 年相比较，2010 年除工艺品及其他制造业（废品废料）之外的其余所有行业的碳排放强度均下降，其中 2010 年投入产出统计中工艺品及其他制造业与废品废料合并，与 2007 年的统计口径不同。上述对比结果，说明我国所有行业的能源利用效率和碳排放效率都在提高。从 1997 年到 2010 年，碳排放强度下降幅度（与 1997 年比较的相对值）最大的行业分别为：非金属矿物制品业，非金属矿及其他矿采选业，工艺品及其他制造业（废品废料），纺织业，农林牧渔业，食品制造及烟草加工业，电气、机械及器材制造业等，这些行业的碳排放强度下降幅度均在 50% 以上；降幅（与 1997 年比较的相对值）较小的行业是纺织服装鞋帽皮革羽绒及其制品业、金属制品业，分别下降 21% 和 13%。

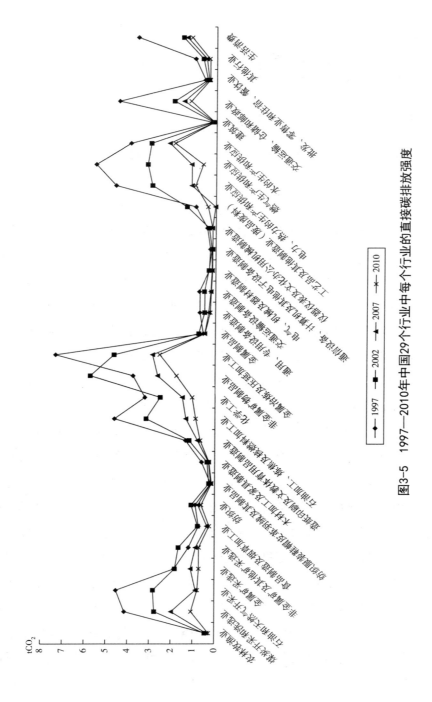

图3-5 1997—2010年中国29个行业中每个行业的直接碳排放强度

3.3 中国贸易隐含碳的影响分析

3.3.1 对碳排放责任界定的影响

中国是全球进出口贸易大国，随着对外贸易规模的增长，出口贸易隐含碳排放量也在不断增长。中国碳排放量占世界碳排放总量的比重不断攀升，国际能源机构公布测算数据显示，中国 1978 年碳排放量仅占世界总排放量的 7.89%，为 1394MtCO$_2$；之后中国碳排放量逐年增长，2000 年中国碳排放量占世界总排放量的 12.93%，为 3038MtCO$_2$。值得注意的是，中国在 2001 年加入 WTO 后，进出口贸易规模与碳排放量同步快速增加（蒋雪梅、汪寿阳，2011）。周新（2010）测算了亚太区 10 个国家或地区 2000 年的贸易隐含碳排放，证实美国是贸易隐含碳排放最大净进口国，中国为贸易隐含碳排放最大净出口国。中国是世界上最大的发展中国家，研究隐含碳排放责任界定问题有助于缓解中国在未来的气候谈判中所面临的压力，为中国争取到更大的发展空间（王文举、向其凤，2011）。

IPCC 以"生产责任原则"为基础，把"在国家领土和该国所拥有司法管辖权的近海海区发生的温室气体排放和消除"的条件列入"国家清单"范围。在此原则下，中国 2007 年净出口隐含碳排放量 339.05MtCO$_2$ 被归为中国的排放责任，然而这一排放量，既是出口产品国国内碳排放量与进口产品国国外碳排放量的差额，也是国内生产与国内消费产生碳排放量的差额，按照消费责任原则不应该归为中国的排放责任。实际上，"碳排放"和"碳排放责任"是两个不同的概念，有学者研究指出对于一个国家而言，碳排放是国内生产、生活等活动直接产生的碳排放总量；而碳排放责任则取决于责任划分原则，是一个国家按照一定责任划分原则所需承担的排放责任。责任划分原则不同，一国所需承担的排放责任也就不同，因此碳排放和碳排放责任不是同一个概念（Common and Salma，1992；

Proops，Gay，et al，1993）。按照这个逻辑，中国等出口大国生产出口产品在国内形成的碳排放量，并不一定要由自己承担，如果排放责任发生变化，那么责任界定结果也就不同。

以生产责任原则界定碳排放责任存在许多问题。首先，会出现责任主体缺失情况，比如发生在公海的国际运输不符合在某个"国家领土和该国所拥有司法管辖权的近海海区发生"的条件，按照生产责任原则无法界定这些碳排放责任归属哪个国家，可能导致大约3%的全球碳排放量没有任何国家负责（Bastianoni，2004；Peters and Hertwich，2008）。其次，存在碳泄漏问题破坏减排谈判效果。发达国家通过国际投资或其他合作方式把高污染和高能耗产业转移至发展中国家，发展中国家生产成品或者半成品，再出口到发达国家供其消费或再生产，出现所谓的"污染天堂"效应，这就使发达国家既能减少自身的碳排放量，又能保持高排放量的消费模式。如果存在碳泄漏问题而没有得到很好的解决，那么会加剧全球的气候变化；各国贸易中隐含碳的数量越来越大，如何准确核算隐含碳的排放量、合理界定生产者和消费者的责任，是下一轮气候谈判前必须解决的问题（王文举、向其凤，2011）。

3.3.2　对气候谈判策略的影响

在国际气候谈判中，发达国家与发展中国家争议最大的问题就是，发展中国家是否需要承担强制性减排义务。发达国家认为发展中国家没有承担强制性减排义务，这是不公平的；而发展中国家则从历史累计排放量和人均排放量角度，提出发达国家应该对地球已有碳排放规模承担主要责任，发展中国家历史累计排放量和人均排放量都显著低于发达国家。然而，近年来各国经济发展出现较大波动，部分欧洲国家的经济发展处于低谷，发展中国家的经济发展却仍然保持较快增速，特别是碳排放量屡创新高，这加剧了发展中国家面临的国际减排压力。

2007年12月，《框架公约》第十三次缔约方大会通过了"巴厘岛路线图"，将发展中国家承担的具体减限排义务正式纳入"后京都"进程（李丽平、任勇和田春秀，2008）。2014 年 11 月，中美两国发布应对气候变化联合声明，中国计划 2030 年左右二氧化碳排放量达到峰值，且将努力早日达峰；美国计划于 2025 年实现在 2005 年基础上减排 26%~28% 的全经济范围减排目标，并将努力减排 28%。实际上，中国的减排目标已经成为发达国家乃至全世界关注的对象，而碳排放责任划分原则是确定各国减排目标的基石，将影响各国的减排政策、国际贸易秩序乃至全球气候制度。我国是贸易大国，出口产品中隐含碳的排放量较大，在不同划分原则下我国的碳排放责任存在着巨大差异，因此公平合理的碳排放责任划分原则对我国尤为重要，我国应在关注人均碳排放量、历史责任的同时，重视碳排放责任的划分问题（周茂荣、谭秀杰，2012）。

从近年来国际气候谈判情况分析，以中国为代表的"金砖国家"争取排放权利的主要依据是，历史累计碳排放量远低于工业化国家，以及人均排放量远低于发达国家。这些理由具有一定的说服力，在国际气候谈判中为"金砖国家"主张权益发挥了重要作用。目前，发展中国家也需要利用新的科学论据在未来国际气候谈判中争取筹码。中国是世界第一大贸易国，进出口贸易隐含的碳排放量占据了国内总排放量的较大比重。不应该承担出口商品的所有碳排放责任，在国际气候谈判还未真正达成一致意见的"后京都"时代，发展中国家（包括少数发达国家）应该加强合作，强化"全球消费者对进口商品消费的碳排放责任"，在国际气候谈判过程中倡导建立科学合理的界定碳排放责任的方法。

对于中国而言，工业化尚未完成，城镇化还处于加速时期，随着区域经济发展和人民生活水平的提高，能源消耗和碳排放量还将持续增加。中国要完成 2030 年左右二氧化碳排放达到峰值的计划，需要转变经济发展方式；在国际贸易隐含碳排放视角下，需要注重发展"绿色贸易"，构建绿色贸易体系，通过环境税、环境规制、绿色信贷等手段，限制高能耗、高排放行业产品出口，鼓励发展高科技、低排放产品出口。

第4章 基于贸易隐含碳的全球碳排放责任界定原则调整研究

当前，多区域投入产出模型受到许多研究者的喜爱，因为其既可以追溯产品原产地的碳排放，也可以根据最终产品消费把全球碳排放分配到各个国家（地区）及产业部门。利用多区域投入产出模型，可以推导生产责任原则与消费责任原则下碳排放计算公式。本书结合 WIOD 数据库的多区域投入产出表和环境拓展矩阵的数据，测算了各个国家（地区）在生产责任原则和消费责任原则下的碳排放量及其变化情况。

4.1 不同界定原则下碳排放计算公式

4.1.1 基于 MRIO 的生产责任原则和消费责任原则碳排放计算公式对比

1. 多区域投入产出模型

本书借鉴周新（2010）、闫云凤（2014）、吴开尧和杨廷干（2016）等的研究，推导多区域投入产出模型，分析生产责任、消费责任及生产者和消费者共担责任原则下的碳排放责任核算方法与界定结果。

根据经济统计原则，一个国家（地区）的总产出可以表示为

$$x^r = Z^r + y^r + \sum_s e^{rs} \tag{4-1}$$

其中，x^r 表示国家 r 的总产出列向量，一般分为中间消费和最终消费；Z^r 表

示中间投入，矩阵元素表示国家 r 的国内中间投入与进口中间投入；y^r 表示最终需求，矩阵元素表示国家 r 的国内最终需求与进口最终总需求；e^{rs} 表示从国家 r 到国家 s 的出口产品。

由于一个国家进口商品是用于中间投入或者最终消费，因此从国家 r 出口到国家 s 的 e^{rs}，可以分为中间消费和最终消费两部分，所以：

$$e^{rs} = Z^{rs} + y^{rs}$$

根据 Leontief 固定生产比例假设，假设国家 s 各个行业从国家 r 进口产品的中间消费品的占比是固定的，用 A 表示投入系数矩阵，$Z^{rs} = A^{rs}x^s$，得到：

$$e^{rs} = Z^{rs} + y^{rs} = A^{rs}x^s + y^{rs} \tag{4-2}$$

因此，可以得到 x^r 为

$$x^r = A^{rr}x^r + y^{rr} + \sum_{s(s \neq r)} A^{rs}x^s + \sum_{s(s \neq r)} y^{rs} = A^{rr}x^r + \sum_{s(s \neq r)} A^{rs}x^s + y^{rr} + \sum_{s(s \neq r)} y^{rs}$$

$$\tag{4-3}$$

在上述模型推导中，国家 r 生产产品后向各个国家出口，m 表示模型中已经包含的国家，而 $rest$ 是除了 m 个国家之外的其他国家。

$$
\begin{pmatrix} x^1 \\ x^2 \\ \vdots \\ x^r \\ \vdots \\ x^m \end{pmatrix} =
\begin{pmatrix}
A^{11} & A^{12} & \cdots & A^{1r} & \cdots & A^{1m} \\
A^{21} & A^{22} & \cdots & A^{2r} & \cdots & A^{2m} \\
\vdots & \vdots & & \vdots & & \vdots \\
A^{r1} & A^{r2} & \cdots & A^{rr} & \cdots & A^{rm} \\
\vdots & \vdots & & \vdots & & \vdots \\
A^{m1} & A^{m2} & \cdots & A^{mr} & \cdots & A^{mm}
\end{pmatrix}
\begin{pmatrix} x^1 \\ x^2 \\ \vdots \\ x^r \\ \vdots \\ x^m \end{pmatrix} +
\begin{pmatrix} \sum y^{1s} \\ \sum y^{2s} \\ \vdots \\ \sum y^{rs} \\ \vdots \\ \sum y^{ms} \end{pmatrix} +
\begin{pmatrix} e^{1rest} \\ e^{2rest} \\ \vdots \\ e^{rrest} \\ \vdots \\ e^{mrest} \end{pmatrix}
$$

$$\tag{4-4}$$

其中，x^r 表示国家 r 的总产出列向量，一般可以分为中间消费和最终消费；$A = (A^{rs})_{m \times m}$ 表示 m 个国家之间的交易系数矩阵，元素（子矩阵）$A^{rs} = x^{xs}/x^s$ 表示国家 s 的单位投入中从国家 r 进口部分所占比重，对角线上的元素 A^{rr} 表示国家 r 的国产中间产品的直接消耗系数矩阵；国家 s 总的直接消

耗系数矩阵为 $A^s = A^{ss} + \sum_{s \neq r} A^{rs}$ ；y^{rs} 表示国家 r 生产的产品中由国家 s 最终消费的产品，y^{rr} 表示国家 r 对国产产品的最终需求；e^{rrest} 表示国家 r 生产的向其他国家 $rest$ 出口的产品。

进一步进行推导，可以得到：

$$
\begin{pmatrix} x^1 \\ x^2 \\ \vdots \\ x^r \\ \vdots \\ x^m \end{pmatrix} = \begin{pmatrix} B^{11} & B^{12} & \cdots & B^{1r} & \cdots & B^{1m} \\ B^{21} & B^{22} & \cdots & B^{2r} & \cdots & B^{2m} \\ \vdots & \vdots & & \vdots & & \vdots \\ B^{r1} & B^{r2} & \cdots & B^{rr} & \cdots & B^{rm} \\ \vdots & \vdots & & \vdots & & \vdots \\ B^{m1} & B^{m2} & \cdots & B^{mr} & \cdots & B^{mm} \end{pmatrix} \begin{bmatrix} \sum_s y^{1s} \\ \sum_s y^{2s} \\ \vdots \\ \sum_s y^{rs} \\ \vdots \\ \sum_s y^{ms} \end{bmatrix} + \begin{pmatrix} e^{1rest} \\ e^{2rest} \\ \vdots \\ e^{rrest} \\ \vdots \\ e^{mrest} \end{pmatrix} \tag{4-5}
$$

其中，矩阵 $B = (I - A)^{-1} = (B^{rs})_{m \times m}$ 是多区域的 Leontief 逆矩阵，B^{rs} 表示由国家 s 生产的单位最终产品所驱动的国家 r 的生产产品。

2. 生产责任原则和消费责任原则下碳排放计算：基于 MRIO 的对比

上述 MRIO 的推导包含了所有国家（其中 x^r 包含 m 个国家），以下用包含 3 个国家的 MRIO 作为分析对象，解释生产责任原则和消费责任原则下碳排放的不同计算公式。包含 3 个国家的 MRIO 等式为

$$
\begin{pmatrix} x^1 \\ x^2 \\ x^3 \end{pmatrix} = \begin{pmatrix} A^{11} & A^{12} & A^{13} \\ A^{21} & A^{22} & A^{23} \\ A^{31} & A^{32} & A^{33} \end{pmatrix} \begin{pmatrix} x^1 \\ x^2 \\ x^3 \end{pmatrix} + \begin{pmatrix} y^{11} \\ y^{21} \\ y^{31} \end{pmatrix} + \begin{pmatrix} y^{12} \\ y^{22} \\ y^{32} \end{pmatrix} + \begin{pmatrix} y^{13} \\ y^{23} \\ y^{33} \end{pmatrix} \tag{4-6}
$$

其中，x^r 是国家 r（$r = 1$，2，3）的总产出列向量，包含中间消费和最终消费；$A = (A^{rs})_{3 \times 3}$ 表示 3 个国家之间的交易系数矩阵，代表了世界生产体系，元素 $A^{rs} = x^{rs}/x^s$ 表示国家 s 的单位投入中从国家 r 进口部分所占比重，对角线上的元素 A^{rr} 是国家 r 的国产中间产品的直接消耗系数矩阵，非对角线上的元素 A^{rs}（$r \neq s$）反映了从国家 r 到国家 s 的中间产品贸易，国家 r 的直接消耗系数矩阵 $A^r = A^{rr} + A^{rs}(r \neq s)$；$y^{rs}$ 表示国家 r 生产的产品中供国家 s 最

终消费的产品，y^{rr} 代表国家 r 国产产品的最终需求，y^{rs}（$r \neq s$）反映了从国家 r 到国家 s 的最终消费品贸易。

公式（4-6）已经把 3 个国家全部列示出来，所以与公式（4-4）相比就没有国家 rest。同样进行矩阵推导，可以得到：

$$\begin{pmatrix} x^1 \\ x^2 \\ x^3 \end{pmatrix} = \begin{pmatrix} B^{11} & B^{12} & B^{13} \\ B^{21} & B^{22} & B^{23} \\ B^{31} & B^{32} & B^{33} \end{pmatrix} \left[\begin{pmatrix} y^{11} \\ y^{21} \\ y^{31} \end{pmatrix} + \begin{pmatrix} y^{12} \\ y^{22} \\ y^{32} \end{pmatrix} + \begin{pmatrix} y^{13} \\ y^{23} \\ y^{33} \end{pmatrix} \right] \quad (4-7)$$

其中，矩阵 $B = (I - A)^{-1} = (B^{rs})_{3 \times 3}$ 是多区域的 Leontief 逆矩阵，B^{rs} 表示由国家 s 生产的单位最终产品驱动的国家 r 的生产产品。

用行向量 c^r 表示国家 r 中各个行业单位产值所对应的二氧化碳排放（行业直接碳排放强度系数）。用公式（4-6）可以推导得到，国家 r 在生产责任原则下的碳排放为

$$C_{pro}^{r,\ MRIO} = c^r x^r = c^r B^{rr} \left(y^{r1} + y^{r2} + y^{r3} + \sum_{s \neq r}^{3} A^{rs} x^s \right) \quad (4-8)$$

举例说明，对于国家 1 就是

$$C_{pro}^{1,\ MRIO} = c^1 x^1 = c^1 B^{11} \left(y^{11} + y^{12} + y^{13} + A^{12} x^2 + A^{13} x^3 \right) \quad (4-9)$$

MRIO 可以很好地表示消费责任原则下的碳排放。MRIO 中 $A = (A^{rs})_{m \times m}$ 类似于 SRIO 中的直接消耗系数矩阵，MRIO 中 A 区分了中间投入产品的国别来源，可以有效区分其能源消耗情况。以下以国家 1 为分析对象，推导其最终需求引致的各个国家在生产过程中的碳排放情况。根据公式（4-6），国家 1 最终需求引致的世界生产情况如下：

$$\begin{pmatrix} x^{11} \\ x^{21} \\ x^{31} \end{pmatrix} = \begin{pmatrix} A^{11} & A^{12} & A^{13} \\ A^{21} & A^{22} & A^{23} \\ A^{31} & A^{32} & A^{33} \end{pmatrix} \begin{pmatrix} x^{11} \\ x^{21} \\ x^{31} \end{pmatrix} + \begin{pmatrix} y^{11} \\ y^{21} \\ y^{31} \end{pmatrix} \quad (4-10)$$

其中，x^{11}、x^{21} 和 x^{31} 代表国家 1 的最终需求引致的 3 个国家的产出，分解公式（4-10）得到：

$$x^{11} = B^{11} \left(y^{11} + A^{12} x^{21} + A^{13} x^{31} \right) \quad (4-11)$$

$$x^{21} = B^{22} \left(y^{21} + A^{21} x^{11} + A^{23} x^{31} \right) \quad (4-12)$$

$$x^{31} = B^{33}(y^{31} + A^{31}x^{11} + A^{32}x^{21}) \tag{4-13}$$

在公式（4-11）中，y^{11} 是国家 1 自给自足的生产产品，是"国内自给效应"；$A^{12}x^{21} + A^{13}x^{31}$ 是国家 1 对进口产品的"反馈出口效应"，即国家 1 从国家 2 和国家 3 进口产品，引致了自身向国家 2 和国家 3 出口中间投入产品，也就是说，国家 1 的进口引起自身向其他国家的出口。在公式（4-12）和公式（4-13）中，国家 1 的最终需求引致各个国家出口产品，国家 2 和国家 3 分别向国家 1 出口中间投入产品和最终消费品，用公式表示分别为 $y^{21} + A^{21}x^{11}$ 和 $y^{31} + A^{31}x^{11}$，这是"直接进口效应"。为了满足国家 1 的最终需求，国家 1 与国家 2、国家 3 之间存在中间投入产品和最终消费品的直接贸易，国家 2 与国家 3 之间还存在进出口贸易，比如 $A^{23}x^{31}$、$A^{32}x^{21}$ 是国家 1 的最终需求引致的"间接贸易效应"。

国家 1 在消费责任原则下的碳排放计算公式为

$$C_{con}^{1,\,MRIO} = c^1 x^{11} + c^2 x^{21} + c^3 x^{31} \tag{4-14}$$

代入最终消费品的计算公式，得到：

$$
C_{con}^{1,\,MRIO} = \underbrace{c^1 B^{11} y^{11}}_{\text{国内自给效应}} + \underbrace{c^1 B^{11}(A^{12}x^{21} + A^{13}x^{31})}_{\text{反馈出口效应}} + \\
\underbrace{c^2 B^{22}(y^{21} + A^{21}x^{11}) + c^3 B^{33}(y^{31} + A^{31}x^{11})}_{\text{直接进口效应}} + \\
\underbrace{c^2 B^{22} A^{23} x^{31} + c^3 B^{33} A^{32} x^{21}}_{\text{间接贸易效应}} \tag{4-15}
$$

在公式（4-15）中，国家 1 在消费责任原则下的碳排放可以分为两部分：国内排放和国外排放，国内排放包括"国内自给效应"和"反馈出口效应"，国外排放包括"直接进口效应"和"间接贸易效应"。

利用 MRIO 推导国家 1 在消费责任原则下的碳排放计算公式，得到：

$$C_{con}^{1,\,MRIO} = c^* B y^{*1} = c^* (I - A)^{-1} y^{*1} \tag{4-16}$$

其中，$c^* = (c^1,\ c^2,\ c^3)$ 是由 3 个国家不同行业直接碳排放强度矩阵组成的行向量；$y^{*1} = (y^{11},\ y^{21},\ y^{31})'$ 是各个国家出口到国家 1 的最终消费品。

推广到一般情况，国家 r 在消费责任原则下的碳排放计算公式为

$$C_{con}^{r,\,MRIO} = c^* B y^{*r} = c^* (I - A)^{-1} y^{*r}$$

其中，$c^* = (c^1,\ c^2,\ \cdots)$ 是由各个国家不同行业直接碳排放强度矩阵组成

的行向量；$y^{*r} = (y^{1r}, y^{2r}, \cdots)'$ 是各个不同国家出口到国家 r 的最终消费品。

4.1.2 基于 MRIO 与 SRIO 的消费责任原则碳排放计算公式对比

利用 SRIO 也可以计算消费责任下的碳排放。大体步骤为：首先，利用 SRIO 计算生产责任原则下的碳排放；其次，对贸易隐含碳排放进行调整，可以得到消费责任原则下的碳排放（Munksgaard and Pedersen，2001；Pan 等，2008；闫云凤，2013）。具体的计算过程是，先计算一国生产责任原则下的碳排放，然后利用各国投入产出表和双边贸易数据计算进出口贸易中的隐含碳排放，再将生产责任原则下的碳排放扣除出口产品的隐含碳排放，并加上进口产品的隐含碳排放。

本书沿用上述公式，如果用 ex^{rs} 表示国家 r 向国家 s 的出口，那么国家 1 的出口隐含碳排放 C^1_{ex} 和进口隐含碳排放 C^1_{im} 分别为

$$C^{1,\,SRIO}_{ex} = c^1 B^{11} \sum_{s \neq 1} ex^{1s} = c^1 B^{11}(y^{12} + y^{13} + A^{12}x^2 + A^{13}x^3) \quad (4\text{-}17)$$

$$C^{1,\,SRIO}_{im} = \sum_{s \neq 1} c^s B^{ss} ex^{s1} = c^2 B^{22}(y^{21} + A^{21}x^1) + c^3 B^{33}(y^{31} + A^{31}x^1)$$

$$(4\text{-}18)$$

利用 SRIO 计算生产责任原则下的碳排放，然后用贸易隐含碳排放调整得到消费责任原则下的碳排放的思路，由公式（4-9）、公式（4-17）和公式（4-18）得到：

$$\begin{aligned} C^{1,\,SRIO}_{con} &= C^{1,\,SRIO}_{con} - C^{1,\,SRIO}_{ex} + C^{1,\,SRIO}_{im} \\ &= c^1 B^{11} y^{11} + c^2 B^{22}(y^{21} + A^{21}x^1) + \\ &\quad c^3 B^{33}(y^{31} + A^{31}x^1) \end{aligned} \quad (4\text{-}19)$$

对比前文利用 MRIO 推导的国家 1 在消费责任原则下的碳排放计算公式（4-15），可以得到利用 MRIO 和 SRIO 计算消费责任原则下的碳排放的差异：

$$C^{1,\,SRIO}_{con} - C^{1,\,MRIO}_{con} = \underbrace{(c^2 B^{22} A^{21} + c^3 B^{33} A^{32})(x^1 - x^{11})}_{DIF} -$$

$$\underbrace{c^1 B^{11}(A^{12}x^{21} + A^{13}x^{31})}_{\text{反馈出口效应}} - \underbrace{c^2 B^{22}A^{23}x^{31} + c^3 B^{33}A^{32}x^{21}}_{\text{间接贸易效应}} \qquad (4\text{-}20)$$

分析公式（4-20）可以发现：①SRIO 的计算方法由于没有包含间接贸易效应，因此也就没有计算间接贸易效应引致的碳排放 $c^2 B^{22}A^{23}x^{31} + c^3 B^{33}A^{32}x^{21}$；②SRIO 的计算方法由于没有包含出口反馈效应，因此没有计算出口反馈效应引致的碳排放 $c^1 B^{11}(A^{12}x^{21} + A^{13}x^{31})$；③公式（4-20）中的 *DIF* 是 SRIO 和 MRIO 使用不同产出计算出的差值。在 MRIO 中，国家 2 和 3 出口到国家 1 的中间投入产品隐含碳排放中，仅有（$c^2 B^{22}A^{21}$ + $c^3 B^{33}A^{32}$）x^{11} 作为国家 1 的消费责任原则下的碳排放，这部分碳排放确实进入了国家 1 的最终需求；但是在 SRIO 中，国家 2 和国家 3 出口到国家 1 的所有中间产品隐含碳排放（$c^2 B^{22}A^{21} + c^3 B^{33}A^{32}$）$x^1$，都记作国家 1 的消费责任原则下碳排放，但其中有部分碳排放由国家 2 和国家 3 的最终需求引致，因为国家 1 所有的进口中间产品经过生产后，部分成为国家 2 和国家 3 的最终消费品。

从①和②来看，SRIO 的计算方法低估了国家 1 最终需求引致的全球的碳排放（效应）；而③说明，使用不同产出计算出的差值（$c^2 B^{22}A^{21}$ + $c^3 B^{33}A^{32}$）（$x^1 - x^{11}$）显然大于零，因此 SRIO 的计算方法高估了最终需求引致的全球碳排放。MRIO 计算方法的准确度高于 SRIO，当然 SRIO 计算方法也有其优势，即对计算数据的要求较低，只要获得国家 1 与国家 2 和国家 3 的投入产出数据、排放数据和双边贸易数据，就可以利用 SRIO 估测消费责任原则下的碳排放。

将两种方法（SRIO 计算方法与 MRIO 计算方法）相比较，计算结果出现差异的原因在于：出口反馈效应、间接贸易效应和不同产出标准。此外，影响结果差异大小的决定因素为该国参与国际分工的情况。对于公式（4-20）来说，如果该国出口反馈效应、间接贸易效应较弱，而且生产产品主要用于满足国内的最终需求（$x^1 - x^{11}$ 接近于 0），那么两种方法计算结果的差异较小。实际上，在国际经济领域中，出口反馈效应、间接贸易效应作为"二阶效应"的影响力较小（张文城和彭水军，2014），所以 $x^1 - x^{11}$ 的值对计算结果具有较大影响。对于公式（4-20）来说，如果该国出口反馈效应、间接贸易效应较弱，但是其生产产品较大部分用于满足国外的最终需求（$x^1 - x^{11}$ 的值较大），那么两种方法计算结果的差异就较大，SRIO 计算方法会严重高估消费责任原则下碳排放的计算结果。中国等国家出口大量最终消费品到发达国家，所以用 SRIO 方法计算消费责任原则下的碳排放很有可能出现高估现象。

4.2　不同界定原则下全球贸易隐含碳排放责任测算

4.2.1　数据来源与计算公式

本书利用 MRIO 计算国际贸易隐含碳排放，计算数据来自 WIOD，它是由欧盟资助开发的多国投入产出数据库，包含全球 40 个国家（地区）和 1 个其余地区（RoW）（见表 4-1），收集了每个经济体 35 个行业部门 1995—2011 年的贸易和排放数据。WIOD 的核心内容是相互协调的投入产出表和进出口数据，这两组数据融合为世界投入产出表，而且与其他的社会经济指标联系；WIOD 中有各地区分行业的碳排放系数，行业划分与投入产出表一致，可用于测算国家间的商品隐含碳流动，结果更加准确（闫云凤和赵忠秀，2014）。

WIOD 包含 1995—2011 年世界投入产出表序列（WIOTs）及其环境卫星账户，在包含的 40 个国家（地区）中，28 个国家（地区）为发达经济体、12 个国家（地区）为发展中经济体。① 据 2009 年产值估测，40 个国家（地区）的 GDP 总值占 2009 年全球 GDP 总值的比重约为 87%，其中 28 个发达经济体的 GDP 总值占全球发达经济体 GDP 总值的比重达到 95% 左右，12 个发展中经济体的 GDP 总值占全球发展中经济体 GDP 总值的比重为 65%。RoW 是除了 40 个经济体之外的其余经济体的汇总，包含 100 多个发展中经济体和 10 多个经济总量较小的发达经济体（如瑞士、新西

---

　　①　由于部分发展中经济体的投入产出数据不准确，因此 WIOD 中主要收集了 12 个发展中经济体的数据，其余的则统一归入 RoW 账户。

兰、冰岛、挪威、安道尔、新加坡、文莱、以色列、巴林、阿联酋等）。除了发达经济体和发展中经济体的分类之外，WIOD 还划分为 Euro-zone（欧盟欧元地区）、Non-Euro EU（欧盟非欧元地区）、NAFTA（北美自由贸易协议地区国家）、China（中国）、East Asia（东亚）、BRIIAT（巴西、俄罗斯、印度、印度尼西亚、澳大利亚和土耳其）、RoW。

表4-1　WIOD 包含的40个国家（地区）和1个其余地区

序号	英文	中文	序号	英文	中文
1	Australia	澳大利亚	22	Korea	韩国
2	Austria	奥地利	23	Latvia	拉脱维亚
3	Belgium	比利时	24	Lithuania	立陶宛
4	Brazil	巴西	25	Luxembourg	卢森堡
5	Bulgaria	保加利亚	26	Malta	马耳他
6	Canada	加拿大	27	Mexico	墨西哥
7	China	中国	28	Netherlands	荷兰
8	Cyprus	塞浦路斯	29	Poland	波兰
9	Czech Republic	捷克	30	Portugal	葡萄牙
10	Denmark	丹麦	31	Romania	罗马尼亚
11	Estonia	爱沙尼亚	32	Russia	俄罗斯
12	Finland	芬兰	33	Slovakia	斯洛伐克
13	France	法国	34	Slovenia	斯洛文尼亚
14	Germany	德国	35	Spain	西班牙
15	Greece	希腊	36	Sweden	瑞典
16	Hungary	匈牙利	37	Taiwan, Province of China	中国台湾
17	India	印度	38	Turkey	土耳其
18	Indonesia	印度尼西亚	39	United Kingdom	英国
19	Ireland	爱尔兰	40	United States	美国
20	Italy	意大利	41	RoW	其他
21	Japan	日本			

根据前文对 MRIO 的推导，得到关于生产责任原则下碳排放与消费责

任原则下碳排放的计算公式。c^r 是国家 r 中各行业单位产值二氧化碳排放强度（行业直接碳排放强度）行向量，$c^* = (c^1, c^2, \cdots)$ 是由各个国家不同行业直接碳排放强度矩阵组成的行向量，$y^{*r} = (y^{1r}, y^{2r}, \cdots)'$ 是各个国家出口国家 r 的最终消费品，x^r 是国家 r 的总产出列向量（含中间消费和最终消费）。

国家 r 在生产责任原则下的碳排放为

$$C_{pro}^{r, MRIO} = c^r x^r = c^r B^{rr}(\sum_{s=1}^{m} y^{rs} + \sum_{s=1, s \neq r}^{m} A^{rs} x^s) \tag{4-20}$$

举例，3 个国家范围下的国家 1：

$$C_{pro}^{1, MRIO} = c^1 x^1 = c^1 B^{11}(y^{11} + y^{12} + y^{13} + A^{12} x^2 + A^{13} x^3) \tag{4-21}$$

国家 r 在消费责任原则下的碳排放为

$$C_{con}^{r, MRIO} = \sum_{s=1}^{m} c^s x^{sr} = c^1 x^{1r} + c^2 x^{2r} + \cdots c^m x^{mr} \tag{4-22}$$

$$C_{con}^{r, MRIO} = c^* B y^{*r} = c^* (I - A)^{-1} y^{*r} （用最终消费品）$$

举例，3 个国家范围下的国家 1：

$$C_{con}^{1, MRIO} = c^1 x^{11} + c^2 x^{21} + c^3 x^{31} \tag{4-23}$$

$$C_{con}^{1, MRIO} = c^* B y^{*1} = c^* (I - A)^{-1} y^{*1} \tag{4-24}$$

4.2.2　生产者与消费责任碳排放测度

1. 已有研究数据分析

张文城和彭水军（2014）利用 MRIO 对 1995—2009 年全球 28 个发达国家（地区）和 12 个发展中国家（地区）的碳排放进行测算，分别统计消费侧和生产侧的碳排放并进行对比分析（见表 4-2、表 4-3）。结果显示，发达国家（地区）的消费侧碳排放总量较其生产侧碳排放总量要高，而且从 1995 年到 2009 年这种差异呈现扩大趋势，1995 年发达国家（地区）的消费侧碳排放总量较其生产侧碳排放总量高了 10.05%，2005 年该比率扩大为 20.34%，后受到 2008 年全球金融危机的影响有所下降；发展中国家（地区）的消费侧碳排放总量低于其生产侧碳排放总量，1995 年发展中国家（地区）的消费侧碳排放总量较其生产侧碳排放总量低了

15.05%，2009 年该比率扩大为 17.57%。

表 4-2 1995—2009 年发达国家（地区）的消费侧碳排放及其与生产侧碳排放的比较①

单位：百万吨

年份	28 个发达经济体	美国	欧盟 23 国	日本	加拿大	韩国	澳大利亚
1995	10 552.83 (10.05)	4619.20 (6.38)	3658.96 (15.02)	1296.83 (26.61)	346.96 (−12.89)	364.73 (−2.00)	266.15 (−1.77)
1997	10760.63 (8.00)	4911.69 (6.88)	3565.32 (11.71)	1236.82 (18.37)	368.66 (−12.67)	398.35 (−5.85)	279.79 (−2.40)
1999	11 359.12 (12.64)	5243.94 (11.40)	3823.51 (20.73)	1256.02 (18.47)	384.81 (−12.61)	342.90 (−14.23)	307.94 (−0.67)
2001	11 706.85 (13.86)	5421.99 (14.37)	3896.24 (20.06)	1264.63 (20.11)	398.00 (−11.42)	411.19 (−10.98)	314.79 (−5.03)
2003	12 048.46 (16.54)	5475.78 (16.89)	4077.67 (23.22)	1282.17 (17.79)	430.81 (−7.52)	430.49 (−5.15)	351.54 (4.60)
2005	12 464.91 (20.34)	5642.35 (21.01)	4204.02 (25.73)	1284.34 (22.89)	460.29 (−0.03)	470.07 (−2.67)	403.83 (11.17)
2007	12 529.25 (19.45)	5562.99 (18.52)	4316.85 (28.35)	1246.71 (15.41)	488.19 (2.56)	499.70 (−1.93)	414.81 (13.33)
2009	11 075.68 (16.56)	4828.39 (15.30)	3774.73 (24.80)	1139.82 (19 .51)	468.78 (6.77)	452.56 (−15.07)	411.39 (12.92)

注：括号内数字表示消费侧碳排放与生产侧碳排放相比的百分比。

表 4-3 1995—2009 年发展中国家（地区）的消费侧碳排放及其与生产侧碳排放的比较②

单位：百万吨

年份	12 个发展中经济体	中国	印度	俄罗斯	墨西哥	印度尼西亚	巴西
1995	5080.20 (−15.05)	2225.31 (−18.28)	655.07 (−9.12)	1033.21 (−26.84)	251.07 (−3.39)	172.56 (−0.14)	205.29 (17.33)
1997	5234.99 (−14.15)	2294.36 (−16.94)	729.36 (−8.89)	973.07 (−24.99)	299.03 (2.91)	202.28 (1.58)	236.47 (16.27)

① 张文城，彭水军．南北国家的消费侧与生产侧资源环境负荷比较分析［J］．世界经济，2014（8）：126-150.

② 同上。

续表

年份	12 个发展中经济体	中国	印度	俄罗斯	墨西哥	印度尼西亚	巴西
1999	5191.05 (−17.45)	2425.83 (−13.89)	799.31 (−8.15)	692.06 (−47.61)	331.88 (7.17)	185.37 (−18.02)	232.42 (7.12)
2001	5441.80 (−16.27)	2467.31 (−13.45)	827.50 (−8.83)	804.52 (−41.41)	370.53 (14.12)	204.08 (−17.91)	246.95 (8.76)
2003	6113.69 (−18.54)	2939.34 (−17.53)	906.14 (−5.72)	871.18 (−39.50)	366.03 (10.63)	239.87 (−15.33)	221.80 (−0.36)
2005	7140.55 (−18.54)	3608.22 (−23.0)	1064.74 (−1.89)	941.49 (−35.49)	394.31 (13.62)	254.92 (−12.15)	250.80 (3.53)
2007	8186.28 (−18.20)	4132.15 (−25.17)	1241.55 (−3.08)	1107.55 (−27.37)	421.10 (15.65)	296.41 (−9.96)	294.72 (15.05)
2009	8841.67 (−17.57)	4746.74 (−23.60)	1455.63 (−3.07)	1040.35 (−26.24)	378.18 (7.66)	321.58 (−2.90)	304.75 (21.28)

注：括号内数字表示消费侧碳排放与生产侧碳排放相比的百分比。

就单个国家（地区）的情况来看，欧盟 23 国、日本和美国的消费侧碳排放总量高于生产侧碳排放总量的比率排名前三，到 2009 年该比率分别达到 24.80%、19.51% 和 15.30%。韩国的情况有些特殊，由于其仍然为重要的制造业出口国家，消费侧碳排放总量比生产侧碳排放总量小（见图 4-1）。中国在 2001 年"入世"后，出口贸易快速发展，消费侧碳排放总量相比生产侧碳排放总量小许多，该比率从 2001 年的 −13.45% 扩大为 2009 年的 −23.60%（见图 4-2）；印度、俄罗斯也出现了类似情况。

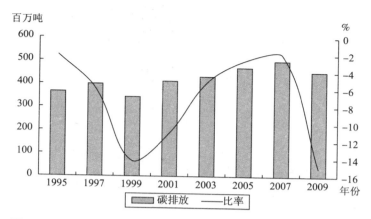

图 4-1　1995—2009 年韩国消费侧碳排放及其与生产侧碳排放对比

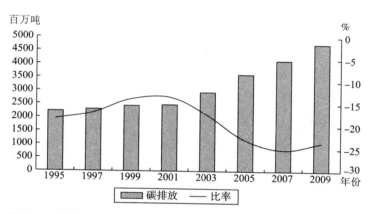

图 4-2　1995—2009 年中国消费侧碳排放及其与生产侧碳排放对比

2. 生产责任原则和消费责任原则下的碳排放变化情况

本书根据 WIOD 的多区域投入产出表和环境拓展矩阵的数据，利用 MRIO 测算了相关经济体的碳排放量，为与后文碳交易研究的主题相匹配，本书测算的碳排放经济体包括了 Euro - zone、Non - Euro EU、NAFTA、China、East Asia、BRIIAT、RoW。本书根据 WIOD 区域间投入产出表和卫星账户中分行业碳排放数据，归类得到各区域匹配的分行业碳排放数据。碳排放数据主要计算生产过程中能源燃烧引致的碳排放，一般国家该类碳排放量占总碳排放量的比例在 90% 以上。图 4-3、图 4-4 分别显示了

1995—2009 年六大国家（地区）在生产责任原则和消费责任原则下的碳排放总量变化趋势。

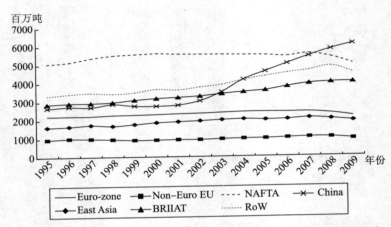

图 4-3　1995—2009 年六大国家（地区）在生产责任原则下的碳排放

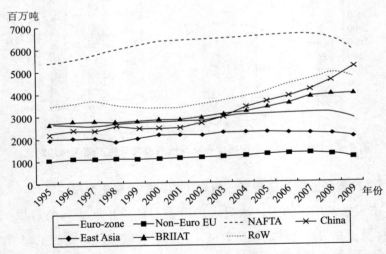

图 4-4　1995—2009 年六大国家（地区）在消费责任原则下的碳排放

3. 生产责任原则和消费责任原则下的国家（地区）碳排放对比

就单个国家（地区）来看，NAFTA 在生产责任原则和消费责任原则下的碳排放总量在世界投入产出表中基本都名列前茅。无论是生产责任原则下的碳排放总量，还是消费责任原则下的碳排放总量，2003 年之前的排序基本为 NAFTA、RoW、BRIIAT、Euro-zone、China、East Asia、Non-Euro EU。其中，Euro-zone、East Asia、Non-Euro EU 3 个地区的碳排放总量较为稳定，没有出现大起大落变化情况，China 和 RoW 的碳排放总量从 1995 年到 2009 年均出现较大增幅，这与经济增长有较大关系。从各个国家（地区）的碳排放总量变化趋势看，2008 年全球金融危机对大部分国家（地区）的碳排放产生影响，只有中国在 2008 年后持续增长，这也反映出金融危机对中国经济的影响相比较而言较小。

从图 4-3 和图 4-4 均可以看出，中国 1995—2009 年碳排放总量增长较快，生产责任原则下的碳排放总量从 1995 年的 2665 百万吨增长到 2009 年的 6060 百万吨，增长了 127%；消费责任原则下的碳排放总量从 1995 年的 2163 百万吨增长到 2009 年的 4991 百万吨，增长了 130%（见图 4-5）。很显然，中国在生产责任原则和消费责任原则下的碳排放总量的差异较明显（见图 4-6）。更进一步对比分析其他国家（地区）在两种不同原则下的碳排放总量，图 4-7 至图 4-10 分别显示了 Euro-zone、NAFTA、East Asia 和 Non-Euro EU 在生产责任原则和消费责任原则下的碳排放总量对比情况，显然消费责任原则下的碳排放总量比生产责任原则下的碳排放总量大。图 4-11 和图 4-12 分别显示了 RoW 和 BRIIAT 在两种原则下碳排放总量对比的情况，与中国类似，生产责任原则下的碳排放总量要比消费责任原则下的碳排放总量大。Euro-zone、NAFTA、East Asia 和 Non-Euro EU 主要为发达国家，其余则主要为发展中国家（地区），所以可以大略判断，发达国家（地区）在消费责任原则下的碳排放总量相比生产责任原则下的碳排放总量大，而发展中国家（地区）在生产责任原则下的碳排放总量要比消费责任原则下的碳排放总量大，这种情况是对全球进出口贸易流向的反映。

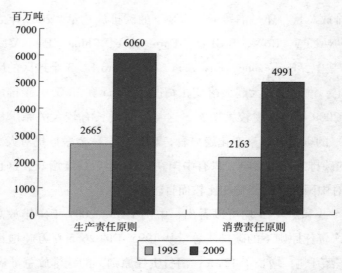

图 4-5   1995 年和 2009 年中国在两种原则下的碳排放总量对比

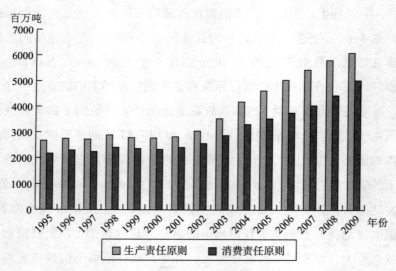

图 4-6   1995—2009 年中国在两种原则下的碳排放总量对比

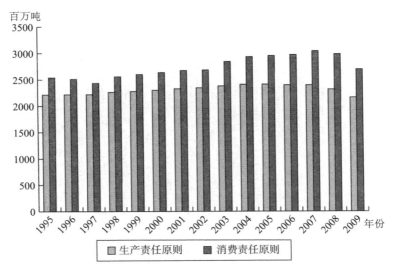

图 4-7　1995—2009 年 Euro-zone 在两种原则下碳排放总量对比

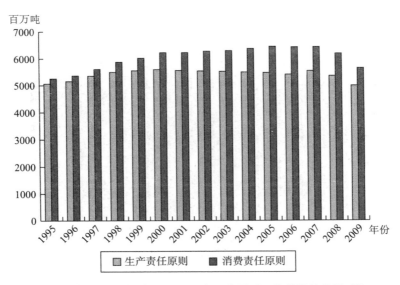

图 4-8　1995—2009 年 NAFTA 在两种原则下的碳排放总量对比

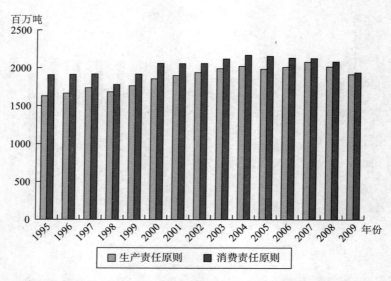

图 4-9　1995—2009 年 East Asia 在两种原则下的碳排放总量对比

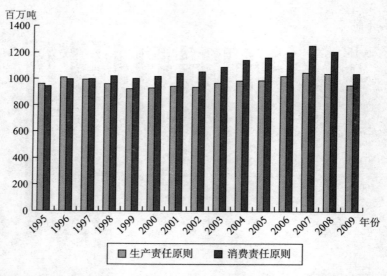

图 4-10　1995—2009 年 Non-Euro EU 在两种原则下的碳排放总量对比

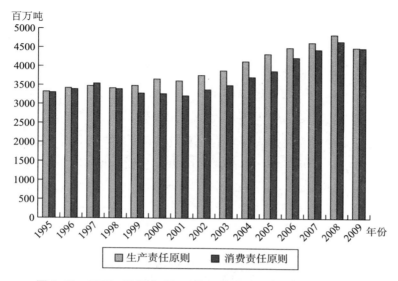

图 4-11 1995—2009 年 RoW 在两种原则下的碳排放总量对比

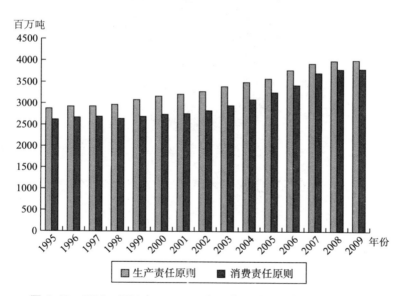

图 4-12 1995—2009 年 BRIIAT 在两种原则下的碳排放总量对比

4. 生产责任和消费责任原则下累计碳排放分析

如图 4-13 和图 4-14 所示, 1995—2009 年 NAFTA、RoW、China、

BRIIAT、Euro-zone、East Asia、Non-Euro EU 7 个国家（地区）在生产责任原则下累积碳排放的占比分别为 25%、18%、17%、16%、11%、9%、4%；消费责任原则下累积碳排放占比分别为 28%、17%、14%、14%、13%、9%、5%。显然，以 NAFTA 和 Euro-zone 为代表的发达国家（地区）在消费责任原则下累积碳排放的占比较大。从各年度各个国家（地区）在两种原则下的碳排放总量的变化趋势看，发达国家（地区）累计碳排放占比呈现减少趋势，而发展中国家（地区）则处于上升趋势，如图 4-15 和图 4-16 所示。

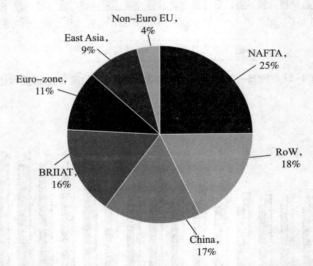

图 4-13　1995—2009 年 7 个国家（地区）在生产责任原则下的累积碳排放结构

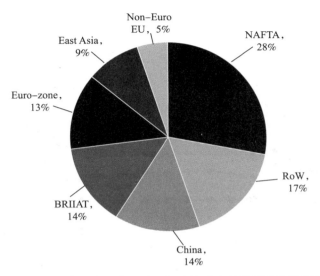

图 4-14 1995—2009 年 7 个国家（地区）在消费责任原则下的累积碳排放结构

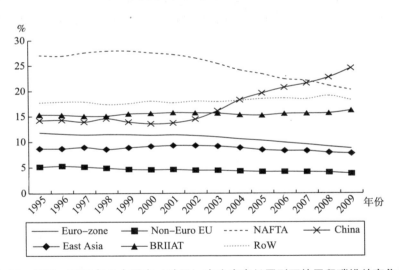

图 4-15 1995—2009 年 7 个国家（地区）在生产责任原则下的累积碳排放变化趋势

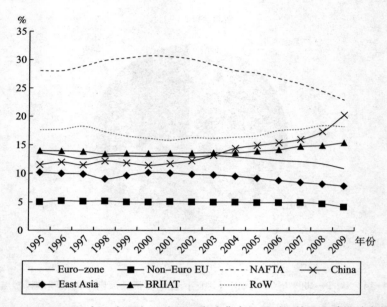

图 4-16 1995—2009 年 7 个国家（地区）在消费责任原则下的累积碳排放变化趋势

第5章 碳泄漏效应理论模型与推导分析

5.1 碳泄漏效应理论模型

5.1.1 基础理论模型构建

碳泄漏从表现形式上看，是伴随国际产业转移而出现的，主要是发达国家把部分产业转移到发展中国家，发展中国家则作为产业承接国，其生产资本投入、能源消耗、人力工资、产量变化和进出口贸易等都受到影响，而与碳排放密切相关的间接和直接碳泄漏系数、人均消费排放等因素是碳排放量的直接决定因素。发达国家与发展中国家之间的产品生产和消费、碳排放责任界定以及碳利益分配不平衡等问题对产业转出国和产业承接国而言都是一个较为复杂的问题。本书根据经济学研究构建理论模型的常用方法，不失一般性地做如下假设。

假设一：存在两个竞争性部门 X 和 Y（$i = X, Y$），这两个部门分别生产产品 X 和 Y。

假设二：部门 X 和部门 Y 开展生产活动都需要投入两类生产要素，一类是清洁投入要素 K_i（两个部门分别投入 K_X 和 K_Y），另一类是非清洁投入要素 C_i（两个部门分别投入 C_X 和 C_Y）。

清洁投入要素既可以是劳动或资本，也可以是劳动和资本两者的组合。假设清洁投入要素 K_i 在部门之间可以自由流动，并且报酬率相同，即 $\omega = \omega_X = \omega_Y$，清洁投入要素供给总量初始给定为 $\bar{K} = K_X + K_Y$。

非清洁投入要素是指化石能源等直接或间接造成二氧化碳排放的一类

要素。每个部门使用碳排放投入要素都面临被征收碳税率为 τ_i（两个部门征收碳税的税率分别为 τ_X 和 τ_Y），各个部门在生产过程中根据需要自主选择碳排放投入要素 C_i。设定投入要素量供给曲线是平坦的，但对向上倾斜的供给曲线也会进行讨论。

假设三：两个部门均存在符合边际产出递减规律的连续回报规模生产函数，设定为 $X = X(K_X, C_X)$，$Y = Y(K_Y, C_Y)$。

假设四：在市场竞争和规模连续回报条件下，企业生产存在零利润情况，即

$$p_X X = \omega K_X + \tau_X C_X$$
$$p_Y Y = \omega K_Y + \tau_Y C_Y$$

由于碳税率 τ_i 随着碳排放要素使用量的增加而逐渐提高，因此企业在碳税率过高情况下可以使用清洁要素 K_i 代替碳排放要素 C_i，也就是说，企业将逐渐减少单位产出的碳排放要素使用量。

假设五：由于企业根据碳税率做理性的投入要素选择，因此在一定碳税率下会形成相应的碳排放量。本书把因征收碳税（碳交易）所形成的减排收入确定为 $R = \tau_X C_X + \tau_Y C_Y$。

假设六：碳排放对社会效用具有负面影响，两个生产部门的碳排放加总得到的总碳排放量为 $C = C_X + C_Y$。

假定普通居民通过提供清洁要素 K_i 获得收入，同时上述碳税收入也可以先作为政府收入再进行补贴转移。假定产品市场价格为 p_X、p_Y，居民通过选择产品 X 或产品 Y 实现效用最大化，但是其支出受到收入的制约。模型表达式为

$$\max_{\{X, Y\}} U(X, Y; C)$$
$$s.t. \ \omega \bar{K} + R \geqslant p_X X + p_Y Y$$

本书主要研究某个部门环境规制强度发生变化（如提高碳税）后形成的碳泄漏效应，所以不需要考虑部门初始碳税水平的高低。假设初始碳税率已经处于均衡状态，本书关注的情况是部门 Y 的碳税率 τ_Y 有较小增加量，而部门 X 的碳税率 τ_X 没有变动的情况。另外，本书主要研究相对于初

始状态的长期均衡结果，而不关心中间的传递过程。部门 Y 的碳税率 τ_Y 有较小的增加，将改变部门 Y 的均衡碳排放量，这种变化形成的部门 X 的碳排放效应就是碳泄漏问题。

本书使用的模型可以解释国际和国内两种情景。

国际情景：这个模型可以分析一种国际经济环境，产品 Y 是由碳税有所提高的国家（或者国家集团）生产，产品 X 则是由上述国家（或者国际集团）以外的其他国家生产。假设所有消费者都具有相同的效用函数，资本是由世界范围内同属性的居民提供，这些资本被用于生产任何一个区域的产品。反映竞争情况的贸易模型，认为由两个国家生产两种产品（X 和 Y），并且具有相同类型的"负漏出效应"。

国内情景：这个模型可以分析一个封闭经济体，生产产品 Y 的部门面临碳税（碳排放权价格）逐渐提高的情况。可以把以煤炭为原料的发电厂作为典型案例，假定煤炭不稀缺（在此情况下价格取决于开采冶炼成本），电厂消耗煤炭面临碳税。

5.1.2　等式的线性化

为了求解上述方程集，需要对各个方程进行线性化，以达到 n 个等式求解 n 个线性方程的目的。

1. 全微分资源约束条件

前文把劳动、资本或者两者的组合看作清洁投入要素，假设清洁投入要素在部门间可以自由流动，并且报酬率相同，那么其供给总量初始给定为 $\bar{K} = K_X + K_Y$。本书用"＾"表示变量成比例的微小变化，比如：

$$\hat{K} = \frac{\mathrm{d}K_X}{K_X}$$

清洁投入要素的线性化结果为

$$0 = \alpha_X \hat{K}_X + \alpha_Y \hat{K}_Y \tag{5-1}$$

其中，$\alpha_i = K_i / \bar{K}$，$\alpha_X + \alpha_Y = 1$，α_i 表示两个部门各自投入的清洁要素占所有清洁要素的比例，即 $\alpha_X = K_X / \bar{K}$，$\alpha_Y = K_Y / \bar{K}$。

等式（5-1）实际上就是

$$0 = \frac{K_X}{\overline{K}} \hat{K}_X + \frac{K_Y}{\overline{K}} \hat{Y}_X$$

2. 投入要素变动如何影响最终产出

前文设定两个部门均存在符合边际产出递减规律的连续回报规模生产函数，两部门生产函数为 $X = X(K_X,\ C_X)$，$Y = Y(K_Y,\ C_Y)$。

假设部门 X 的生产函数为一般 CES 生产函数：

$$X = X(K_X,\ C_X) = [\eta_{XK} K_X^{\frac{\sigma_X-1}{\sigma_X}} + \eta_{XC} C_X^{\frac{\sigma_X-1}{\sigma_X}}]^{\frac{\sigma_X}{\sigma_X-1}}$$

即 $X^{\frac{\sigma_X-1}{\sigma_X}} = (\eta_{XK} K_X^{\frac{\sigma_X-1}{\sigma_X}} + \eta_{XC} C_X^{\frac{\sigma_X-1}{\sigma_X}})$

线性化得到：$\dfrac{\sigma_X - 1}{\sigma_X} \hat{X} = \dfrac{\eta_{XK} K_X^{\frac{\sigma_X-1}{\sigma_X}}}{X^{\frac{\sigma_X-1}{\sigma_X}}} \dfrac{\sigma_X - 1}{\sigma_X} \hat{K}_X + \dfrac{\eta_{XC} C_X^{\frac{\sigma_X-1}{\sigma_X}}}{X^{\frac{\sigma_X-1}{\sigma_X}}} \dfrac{\sigma_X - 1}{\sigma_X} \hat{C}_X$

本书设定：$\theta_{XK} = \dfrac{\eta_{XK} K_X^{\frac{\sigma_X-1}{\sigma_X}}}{X^{\frac{\sigma_X-1}{\sigma_X}}}$ ， $\theta_{XC} = \dfrac{\eta_{XC} C_X^{\frac{\sigma_X-1}{\sigma_X}}}{X^{\frac{\sigma_X-1}{\sigma_X}}}$

可以得到：

$$\hat{X} = \theta_{XK} \hat{K}_X + \theta_{XC} \hat{C}_X \tag{5-2}$$

同理，针对部门 Y 的生产函数可以推导求得

$$\hat{Y} = \theta_{YK} \hat{K}_Y + \theta_{YC} \hat{C}_Y \tag{5-3}$$

其中，θ_{ij} 表示生产产品 i 时投入的要素 j 在收入中的占比，如 θ_{XK} 表示部门 X 生产产品时投入的要素 K 形成成本在销售产品收入中的占比，即：

$$\theta_{XK} = (\omega K_X)/(P_X X)，\theta_{XC} = (\tau_X C_X)/(P_X X)，\theta_{XK} + \theta_{XC} = 1$$

同理：

$$\theta_{YK} = (\omega K_Y)/(P_Y Y)，\theta_{YC} = (\tau_Y C_Y)/(P_Y Y)，\theta_{YK} + \theta_{YC} = 1$$

以下通过理论模型推导 θ_{ij} 的表达式：

对于公司生产而言，利润最大化过程为

$$Max：\pi = P_X X - \omega K_X - \tau_X C_X$$

通过求解一阶导数等于 0，得到：$P_X \dfrac{\partial X}{\partial K_X} - \omega = 0$

即 $P_X \dfrac{\partial X}{\partial K_X} = \omega$ （5-4）

对部门 X 生产函数求导：

$$\frac{\partial X}{\partial K_X} = \frac{\sigma_X}{\sigma_X - 1}\left[\eta_{XK}K_X^{\frac{\sigma_X-1}{\sigma_X}} + \eta_{XC}C_X^{\frac{\sigma_X-1}{\sigma_X}}\right]^{\frac{1}{\sigma_X-1}}\eta_{XK}\frac{\sigma_X-1}{\sigma_X}K_X^{\frac{-1}{\sigma_X}}$$

代入公式（5-4）得到：$P_X X^{\frac{1}{\sigma_X}}\eta_{XK}K_X^{\frac{-1}{\sigma_X}} = \omega$ （5-5）

因为设定了：$\theta_{XK} = \dfrac{\eta_{XK}K_X^{\frac{\sigma_X-1}{\sigma_X}}}{X^{\frac{\sigma_X-1}{\sigma_X}}}$ ，所以：$\eta_{XK} = \dfrac{\theta_{XK}X^{\frac{\sigma_X-1}{\sigma_X}}}{K_X^{\frac{\sigma_X-1}{\sigma_X}}}$

代入公式（5-5）得到：$P_X X^{\frac{1}{\sigma_X}}\dfrac{\theta_{XK}X^{\frac{\sigma_X-1}{\sigma_X}}}{K_X^{\frac{\sigma_X-1}{\sigma_X}}}K_X^{\frac{-1}{\sigma_X}} = \omega$

推导：$P_X X\theta_{XK} = \omega K_X$

得到：$\theta_{XK} \equiv (\omega K_X)/(P_X X)$

同理得到：$\theta_{XC} \equiv (\tau_X C_X)/(P_X X)$

3. 企业生产零利润线性化结果

前文假设在市场竞争和规模连续回报条件下，企业生产存在零利润结果，即

$$p_X X = \omega K_X + \tau_X C_X$$

$$p_Y Y = \omega K_Y + \tau_Y C_Y$$

线性化结果为

$$\hat{p}_X + \hat{X} = \theta_{XK}(\hat{\omega} + \hat{K}_X) + \theta_{XC}(\hat{\tau}_X + \hat{C}_X) \tag{5-6}$$

$$\hat{p}_Y + \hat{Y} = \theta_{YK}(\hat{\omega} + \hat{K}_Y) + \theta_{YC}(\hat{\tau}_Y + \hat{C}_Y) \tag{5-7}$$

4. 两种投入要素的替代弹性

前文设定两个部门的生产函数都只有两种生产投入要素，其密集度情况随着两种投入要素相对价格的变动而变动，这可以通过替代弹性 σ_X、σ_Y 表示。本书定义替代弹性为正，全微分其定义可以得到：

$$\hat{C}_X - \hat{K}_X = \sigma_X(\hat{\omega} - \hat{\tau}_X) \tag{5-8}$$

$$\hat{C}_Y - \hat{K}_Y = \sigma_Y(\hat{\omega} - \hat{\tau}_Y) \tag{5-9}$$

上述表达式的推导过程如下。

部门 X 的生产函数为 CES 函数：

$$X = X(K_X, C_X) = \left[\eta_{XK} K_X^{\frac{\sigma_X-1}{\sigma_X}} + \eta_{XC} C_X^{\frac{\sigma_X-1}{\sigma_X}} \right]^{\frac{\sigma_X}{\sigma_X-1}}$$

生产利润最大化过程为

$$Max: \ \pi = P_X X - \omega K_X - \tau_X C_X$$

通过求解一阶导数等于 0，得到：$P_X \dfrac{\partial X}{\partial K_X} = \omega$ $\tag{5-10}$

对部门 X 生产函数求导：

$$\frac{\partial X}{\partial K_X} = \frac{\sigma_X}{\sigma_X - 1} [\eta_{XK} K_X^{\frac{\sigma_X-1}{\sigma_X}} + \eta_{XC} C_X^{\frac{\sigma_X-1}{\sigma_X}}]^{\frac{1}{\sigma_X-1}} \eta_{XK} \frac{\sigma_X - 1}{\sigma_X} K_X^{\frac{-1}{\sigma_X}}$$

代入（5-10）得到：$P_X X^{\frac{1}{\sigma_X}} \eta_{XK} K_X^{\frac{-1}{\sigma_X}} = \omega$ $\tag{5-11}$

同理推导得到：$P_X X^{\frac{1}{\sigma_X}} \eta_{XC} C_X^{\frac{-1}{\sigma_X}} = \tau_X$ $\tag{5-12}$

两边相除得到：$\dfrac{\eta_{XK}}{\eta_{XC}} \left(\dfrac{K_X}{C_X}\right)^{\frac{-1}{\sigma_X}} = \dfrac{\omega}{\tau_X}$

线性化得到：$\dfrac{1}{\sigma_X}(\hat{C}_X - \hat{K}_X) = (\hat{\omega} - \hat{\tau}_X)$

即 $\hat{C}_X - \hat{K}_X = \sigma_X(\hat{\omega} - \hat{\tau}_X)$ $\tag{5-13}$

同理可证：

$$\hat{C}_Y - \hat{K}_Y = \sigma_Y(\hat{\omega} - \hat{\tau}_Y) \tag{5-14}$$

5. X 和 Y 效用的替代弹性

假设消费产品和污染在效用上是可分离的，可以使用一个简单参数 σ_U 定义 X 和 Y 效用的替代弹性。消费产品 X 和 Y 可以获得正效用，而碳排放要素 C 则会导致负效用，本书构建效用最大化函数：

$$\max_{\{X, Y\}} U(X, Y; C)$$

其受到的约束条件为

$$s.t. \quad \omega \bar{K} + R \geqslant p_X X + p_Y Y$$

可以写成：

$$U(X, Y; C) = U_1(X, Y) + U_2(C) = \left[\eta X^{\frac{\sigma_U - 1}{\sigma_U}} + (1 - \eta) Y^{\frac{\sigma_U - 1}{\sigma_U}} \right]^{\frac{\sigma_U}{\sigma_U - 1}} + U_2(C)$$

构建拉格朗日函数：$L = U(X, Y; C) + \lambda [\omega \bar{K} + R - p_X X - p_Y Y]$

求导得到：

$$\frac{\partial U}{\partial X} = \lambda p_X, \quad 即 \quad \frac{\sigma_U}{\sigma_U - 1} \left[\eta X^{\frac{\sigma_U - 1}{\sigma_U}} + (1 - \eta) Y^{\frac{\sigma_U - 1}{\sigma_U}} \right]^{\frac{1}{\sigma_U - 1}} \eta \frac{\sigma_U - 1}{\sigma_U} X^{\frac{-1}{\sigma_U}} = \lambda p_X$$

$$\frac{\partial U}{\partial Y} = \lambda p_Y, \quad 即 \quad \frac{\sigma_U}{\sigma_U - 1} \left[\eta X^{\frac{\sigma_U - 1}{\sigma_U}} + (1 - \eta) Y^{\frac{\sigma_U - 1}{\sigma_U}} \right]^{\frac{1}{\sigma_U - 1}} (1 - \eta) \frac{\sigma_U - 1}{\sigma_U} Y^{\frac{-1}{\sigma_U}} = \lambda p_Y$$

两边相除得到：$\dfrac{\eta}{1 - \eta} \left(\dfrac{Y}{X} \right)^{\frac{1}{\sigma_U}} = \dfrac{p_X}{p_Y}$

线性化得到：$\dfrac{1}{\sigma_U} (\hat{Y} - \hat{X}) = \hat{p}_X - \hat{p}_Y$

移项得到：$\hat{X} - \hat{Y} = \sigma_U (\hat{p}_Y - \hat{p}_X)$

因此得到 X 和 Y 效用的替代弹性 σ_U：

$$\sigma_U = \frac{\hat{X} - \hat{Y}}{\hat{p}_Y - \hat{p}_X} \tag{5-15}$$

假设 β 是居民所有收入中花费在产品 Y 上的比例，η_{YY} 表示常用的自身需求价格弹性（在其他商品价格不变的条件下），得到：

$$\eta_{YY} = - [\beta + \sigma_U (1 - \beta)]$$

换句话说，类似于电力这种没有弹性需求的产品，一个小的替代弹性 σ_U 就可以代表这个产品与其他产品之间的交易均衡状态。

5.2 碳泄漏均衡效应求解与分效应分析

5.2.1 碳泄漏均衡效应求解

前文根据经济学研究构建理论模型的常用方法做出假设，假设存在两个竞争性部门，分别生产两种产品且都需要投入两类生产要素，一类是清洁投入要素，另一类是非清洁投入要素，然后构建理论模型。整理前述构建的理论模型以及模型的线性化结果，总共得到 8 个等式：

$$0 = \alpha_X \hat{K}_X + \alpha_Y \hat{K}_Y \tag{5-16}$$

其中，$\alpha_i = K_i / \bar{K}$，且 $\alpha_X + \alpha_Y = 1$

$$\hat{X} = \theta_{XK} \hat{K}_X + \theta_{XC} \hat{C}_X \tag{5-17}$$

$$\hat{Y} = \theta_{YK} \hat{K}_Y + \theta_{YC} \hat{C}_Y \tag{5-18}$$

其中，$\theta_{XK} \equiv (P_K K_X)/(P_X X)$，且 $\theta_{XK} + \theta_{XC} = 1$，$\theta_{YK} + \theta_{YC} = 1$

$$\hat{p}_X + \hat{X} = \theta_{XK}(\hat{\omega} + \hat{K}_X) + \theta_{XC}(\hat{\tau}_X + \hat{C}_X) \tag{5-19}$$

$$\hat{p}_Y + \hat{Y} = \theta_{YK}(\hat{\omega} + \hat{K}_Y) + \theta_{YC}(\hat{\tau}_Y + \hat{C}_Y) \tag{5-20}$$

$$\hat{C}_X - \hat{K}_X = \sigma_X(\hat{\omega} - \hat{\tau}_X) \tag{5-21}$$

$$\hat{C}_Y - \hat{K}_Y = \sigma_Y(\hat{\omega} - \hat{\tau}_Y) \tag{5-22}$$

$$\hat{X} - \hat{Y} = \sigma_U(\hat{p}_Y - \hat{p}_X) \tag{5-23}$$

本书确定清洁要素 K 的价格为价格标准，这样上述 8 个等式共带有 8 个未知变量（ X 的变动、Y 的变动，两种产品的价格，以及 4 个投入要素量），具体为

2 种产品产量的变动：$\hat{X}$、$\hat{Y}$；

2 种产品的价格：p_X、p_Y；

4 个投入要素量：K_X、C_X、K_Y、C_Y。

等式（5-16）至等式（5-23）是线性方程组成的体系，本书分析环境规制政策发生微小变化而产生的一般均衡效应，考虑的是部门 Y 的碳税有小幅度的提升而部门 X 的碳税固定不变的情况，用公式表示就是：$\hat{\tau}_Y > 0$，$\hat{\tau}_X = 0$。

同时，本书把清洁要素 K 的价格作为价格标准，所以 K 的价格变化为 0，得到：$\hat{\omega} = 0$。

部门 X 投入要素 K 和 C 的价格没有发生变化，即 $\hat{\tau}_X = \hat{\omega} = 0$，所以等式 （5-21），就可以简单化为 $\hat{C}_X = \hat{K}_X$。

而且，生产 X 的企业所面对的要素 K 和 C 的相对价格没有发生变化，因此企业没有改变投入要素比率，这意味着产出价格不发生变化，所以 $\hat{p}_X = 0$。推导过程可以用公式（5-19）和公式（5-17）表示如下。

因为 $\hat{\tau}_X = \hat{\omega} = 0$，所以公式（5-19）成为 $\hat{p}_X + \hat{X} = \theta_{XK}\hat{K}_X + \theta_{XC}\hat{C}_X$。

结合公式（5-17）得到：$\hat{p}_X = 0$。

在研究过程中，本书没有假设生产 X 的企业具有 Leontief 生产函数，以及具有正的 σ_X。

根据公式（5-18）和公式（5-20）可以得到：$\hat{p}_Y = \theta_{YC}\hat{\tau}_Y > 0$，推导过程如下。

根据：$\hat{Y} = \theta_{YK}\hat{K}_Y + \theta_{YC}\hat{C}_Y$，$\hat{p}_Y + \hat{Y} = \theta_{YK}(\hat{\omega} + \hat{K}_Y) + \theta_{YC}(\hat{\tau}_Y + \hat{C}_Y)$

代入得到：$\hat{p}_Y = -(\theta_{YK}\hat{K}_Y + \theta_{YC}\hat{C}_Y) + \theta_{YK}(\hat{\omega} + \hat{K}_Y) + \theta_{YC}(\hat{\tau}_Y + \hat{C}_Y)$

$$= \theta_{YC}\hat{\tau}_Y$$

得证：$\hat{p}_Y = \theta_{YC}\hat{\tau}_Y > 0$。

根据公式（5-23）当 $\hat{p}_X = 0$ 时，得到：$\hat{X} - \hat{Y} = \sigma_U\hat{p}_Y$，则有

$$\hat{X} - \hat{Y} = \sigma_U\hat{p}_Y = \sigma_U\theta_{YC}\hat{\tau}_Y \qquad (5-24)$$

用 $\hat{X} = \hat{K}_X$ 代入公式（5-24），两边乘以 α_X 得到：

$$\alpha_X\hat{K}_X - \alpha_X\hat{Y} = \alpha_X\sigma_U\theta_{YC}\hat{\tau}_Y \qquad (5-25)$$

根据：$\hat{Y} = \theta_{YK}\hat{K}_Y + \theta_{YC}\hat{C}_Y$，$\hat{C}_Y - \hat{K}_Y = \sigma_Y(\hat{\omega} - \hat{\tau}_Y)$

得到：

$$\hat{Y} = \theta_{YK}\hat{K}_Y + \theta_{YC}\hat{C}_Y = (1 - \theta_{YC})\hat{K}_Y + \theta_{YC}[\hat{K}_Y + \sigma_Y(\hat{\omega} - \hat{\tau}_Y)]$$

$$= \hat{K}_Y - \theta_{YC}\sigma_Y\hat{\tau}_Y \qquad (5-26)$$

公式（5-26）两边乘以 α_Y 得到：

$$\alpha_Y\hat{K}_Y - \alpha_Y\hat{Y} = \alpha_Y\theta_{YC}\sigma_Y\hat{\tau}_Y \qquad (5-27)$$

根据上述推导，公式（5-25）与公式（5-27）相加可得：$-\hat{Y} = (\alpha_X\sigma_U + \alpha_Y\sigma_Y)\theta_{YC}\hat{\tau}_Y$，求得表达式：

$$\hat{Y} = -(\alpha_X\sigma_U + \alpha_Y\sigma_Y)\theta_{YC}\hat{\tau}_Y < 0 \qquad (5-28)$$

上述等式中参数都是正的，括号外的负号代表了提高碳税率 τ_Y 将会减少产出 Y，在一定程度上产出变化依赖于替代弹性和生产中碳排放要素所占的比重。部门 Y 的碳税率提高，即 $\hat{\tau}_Y > 0$，一般来说就提高了 Y 相对于 X 的价格，做一般性预判会减少产品 Y 的产量，那么 $\hat{Y} < 0$，即 $\hat{Y} = -(\alpha_X\sigma_U + \alpha_Y\sigma_Y)\theta_{YC}\hat{\tau}_Y < 0$。

根据公式（5-26）得到：

$$\hat{K}_Y = \hat{Y} + \theta_{YC}\sigma_Y\hat{\tau}_Y = -(\alpha_X\sigma_U + \alpha_Y\sigma_Y)\theta_{YC}\hat{\tau}_Y + \theta_{YC}\sigma_Y\hat{\tau}_Y$$

根据公式（5-22）得到纳税变化部门的碳排放变化情况：

$$\hat{C}_Y = \hat{K}_Y + \sigma_Y(0 - \hat{\tau}_Y) = -(\alpha_X\sigma_U + \alpha_Y\sigma_Y)\theta_{YC}\hat{\tau}_Y + (\theta_{YC} - 1)\sigma_Y\hat{\tau}_Y$$

$$= \left[\underbrace{-(\alpha_X\sigma_U + \alpha_Y\sigma_Y)\theta_{YC}}_{a}\underbrace{-\theta_{YK}\sigma_Y}_{b}\right]\hat{\tau}_Y \tag{5-29}$$

括号里第一项（指 a）正好是 $\hat{Y}$，代表"产出效应"，碳税提高了产品价格，减少了需求也就减少了与产品对应的碳排放。括号里第二项（指 b）就是"替代效应"，由于碳税改变了生产 Y 的企业的投入要素相对价格，弹性 σ_Y 开始发挥作用，使生产 Y 的企业减少了单位产出的碳排放。因此，部门 Y 的碳税变化通过这两个渠道发挥作用，减少生产 Y 的企业的碳排放，可以判断 $\hat{C}_Y < 0$。

根据公式（5-23）和公式（5-27），得到：

$$\hat{X} - \hat{Y} = \sigma_U(\hat{p}_Y - \hat{p}_X)$$

$$\hat{Y} = -(\alpha_X\sigma_U + \alpha_Y\sigma_Y)\theta_{YC}\hat{\tau}_Y$$

$$\hat{X} = \hat{Y} + \sigma_U(\hat{p}_Y - 0)$$

$$= -(\alpha_X\sigma_U + \alpha_Y\sigma_Y)\theta_{YC}\hat{\tau}_Y + \sigma_U\theta_{YC}\hat{\tau}_Y$$

$$= -\alpha_X\sigma_U\theta_{YC}\hat{\tau}_Y - \alpha_Y\sigma_Y\theta_{YC}\hat{\tau}_Y + \sigma_U\theta_{YC}\hat{\tau}_Y$$

$$= \alpha_Y\sigma_U\theta_{YC}\hat{\tau}_Y - \alpha_Y\sigma_Y\theta_{YC}\hat{\tau}_Y$$

$$= \alpha_Y(\sigma_U - \sigma_Y)\theta_{YC}\hat{\tau}_Y \tag{5-30}$$

根据公式（5-21）可知：

$$\hat{C}_X = \hat{X} = \alpha_Y(\sigma_U - \sigma_Y)\theta_{YC}\hat{\tau}_Y \tag{5-31}$$

得到另一个部门 X 的碳排放变化情况：

$$\hat{C}_X = \alpha_Y(\sigma_U - \sigma_Y)\theta_{YC}\,\hat{\tau}_Y = \Big(\underbrace{\sigma_U\alpha_Y\theta_{YC}}_{c} - \underbrace{\sigma_Y\alpha_Y\theta_{YC}}_{d}\Big)\,\hat{\tau}_Y \geqslant \text{或者} \leqslant 0$$

括号里第一项（指 c）是"交易比价效应"，因为产品 Y 的价格变高，在消费者替代效应作用下，产品 X 的消费量有所增长（一定程度上，依赖于 σ_U），使产品 X 的产量增加，导致部门 X 的碳排放量 C_X 增加。这是正的碳泄漏，即提高碳税率 τ_Y 的碳排放漏出是正的。

括号里第二项（指 d）是"减排资源效应"，该效应的大小取决于 σ_Y。Y 部门生产的部分投入要素从二氧化碳转变为资本等清洁要素，实现了减排；同时，部门 Y 的清洁要素需求量增加，这也会吸引部门 X 的清洁要素投入进来。由于 $\hat{\tau}_X = \hat{p}_X = 0$，部门 X 的企业不存在要素替代变化，结果是减少了要素 K_X 和 C_X 的投入，所以括号中第二项是负的碳泄漏。

总体来看，上述"交易比价效应"和"减排资源效应"会产生相反的效果，最终结果取决于 σ_U 和 σ_Y 的相对大小。

如果消费者的选择可以很容易地在两种商品之间转换，那么"交易比价效应"就相对较大，将起主导作用，整个碳泄漏净效应为正。显然，如果两个部门或国家生产的产品具有较大的替代性，那么碳泄漏正效应就会比较容易产生。但是，有些部门如电力的碳排放权需求是缺乏弹性的，所以 σ_U 就很小，如果技术层面可以很好地支持单位产出减排，那么替代弹性 σ_Y 就可能超过 σ_U，导致整个碳泄漏净效应为负。如果碳泄漏净效应为负，那么国际上双边污染监管合作的净效应导致的碳泄漏规模，就可以超过某个国家或部门预计的减排规模。

5.2.2　碳泄漏效应对碳排放责任界定调整的影响

前述分析从理论模型推导角度证实，碳泄漏"交易比价效应"和"减排资源效应"会产生相反的效果，最终结果取决于 σ_U 和 σ_Y 的相对大小，这将对研究碳泄漏问题具有指导意义。目前，碳排放责任界定的国际规则是生产责任原则，即每个国家对境内生产产品和提供服务所产生的碳排放负有责任。生产责任原则具有操作性强等优势，但是也存在诸多问题。

在生产责任原则下，有些国家特别是发达国家可以通过对外投资和产业转移实现碳排放的转移，在这种情况下就容易形成碳泄漏。在当前全球价值链分工情况下，发展中国家基本处于全球价值链的中低端，产业结构以资源和劳动密集型为主。在生产责任原则下，处于全球价值链中低端的发展中国家就必须承担碳排放责任。发达国家通过转移碳排放从客观上减少了自己的碳排放责任，却对发展中国家提出减排要求。碳泄漏的存在必然会影响对各个国家减排责任的界定，进而影响减排责任的分担，特别是在全球经济复苏过程中，每个国家都在为本国争取发展空间。各个国家都从不同的视角或立场，对碳排放责任的界定提出了不同的观点：发达国家强调使用生产责任原则；而发展中国家希望发达国家承担历史责任，并且提出要改变现在的碳排放责任界定办法。其中，双方对于碳泄漏问题的立场也存在较大差异：发达国家认为发展中国家应该提高环境规制强度，避免当发达国家提高环境规制强度时发展中国家增加碳排放，这种情况会导致发达国家减排努力失效；而发展中国家则认为碳泄漏问题的根源在于发达国家转移碳排放，应该由发达国家承担减排责任，至少应该提供技术和资金支持来帮助发展中国家减排。

针对上述情况，本书结合已有研究，论证了碳泄漏"交易比价效应"和"减排资源效应"的最终效果取决于 σ_U 和 σ_Y 的相对大小，也就是说，碳泄漏既有可能是正的也有可能是负的。正的碳泄漏，由发达国家通过产业转移和产品进口转移碳排放到发展中国家引起；如果碳泄漏是负的，那么情况完全相反，发达国家转移产业可能引起发展中国家减少碳排放。整体而言，碳泄漏效应从一般意义的碳泄漏正效应扩展至碳泄漏负效应，各个国家都应该重新认识产业转移和碳泄漏实际效应的影响，对于碳排放责任界定的争议也应该有所变化，应该从互相指责转向互相支持与合作，而"共担责任原则"是一种新思路。当然，碳泄漏正效应和负效应的同时存在，特别是部分行业存在差异化结果，需要更多学者进行实证研究。

第6章 中国工业部门碳泄漏效应实证研究

贸易开放与国内产业低碳转型、工业节能减排之间关系密切，它可能会导致发达国家向外转移污染产业，引发碳泄漏问题，这已经成为碳排放责任界定以及合作减排实际效应评估的矛盾焦点。实证检验中国工业部门分行业贸易开放对碳排放影响的差异，检验细分行业碳泄漏的存在性。一方面，验证中国贸易隐含碳排放是否引致排放"责任转移"，有助于立足最终效应厘清排放责任，是对贸易隐含碳排放理论研究价值的延伸；另一方面，分析贸易开放政策影响国内减排的实际情况，为我国在实现排放峰值承诺的要求下坚持和优化贸易开放政策提供行业层面的经验与证据。

6.1 碳泄漏实证检验的面板模型

6.1.1 相关研究基础

20世纪90年代以来，贸易开放对环境具有积极影响还是消极影响引发了人们的激烈讨论，相关研究产生了许多新的理论观点，比如"环境库兹涅茨曲线""污染天堂"和"向底线赛跑"等。一般观点认为，一个国家（通常为发达国家）提高环境规制强度会减少本国生产，从而提高环境规制强度相对较低国家（通常为发展中国家）的产出，使具有"向底线赛跑"倾向的发展中国家可能成为"污染天堂"，最后导致全球碳排放总量增加，引起碳泄漏问题。但是，对"污染天堂""向底线赛跑"等观点实证研究的结果却与想象中的不一致，有学者认为实证检验结果与理论推导结论存在不同的原因，可能是作用相反的"污染天堂"效应和要素禀赋效应同时存在且发挥作用（Antweiler et al.，2001；Cole and Elliott，2003；Sandrini and Censor，2009）。针对碳泄漏的相关研究，同样存在结论差异。有些学者检验了碳泄漏的存在性，但并未找到碳泄漏一般意义上为正的足够证据（Paltsev，2001；Aukl et al.，2003；Barker et al.，2007；Kuik and Hofkes，2010；Eichner and Pethig，2011；Baylis et al.，2013；Carbone，2013）。不仅如此，有研究者通过数理模型推导证明碳泄漏效应可以为负，即一个国家提高环境规制强度、减少本国生产，不仅会增加环境规制强度相对较低国家的产出，还会通过技术创新、要素流动等途径改善这些国家产出的碳排放情况，最终有利于全球二氧化碳的减排。

近年来，中国进出口贸易与环境污染之间的关系同时被国内外关注，相关实证检验的结果同样存在较大差异。多位学者对中国是否存在"环境库兹涅茨曲线"进行了实证检验，得出的结论并不一致甚至相反（陆虹，2000；Shen，2006；彭水军、包群，2006；马树才、李国柱，2006；Song et al.，2008；符淼，2008；Jalil and Mahmud，2009；Diao et al.，2009；He and Wang，2012；Liu，2012；Song et al.，2013；王奇等，2013；邹庆等，2014；Yin et al.，2015；王菲，2018；张云，2019）。但是，关于中国对外贸易隐含碳排放问题的研究，多位学者实证分析后发现，中国对外贸易隐含碳排放的规模巨大（Ahmad and Wyckoff，2003；Harriss，2006；Weber et al.，2008；闫云凤等，2012；Lin and Sun，2010；Du et al.，2011；Chen et al.，2011；傅京燕等，2014；杜运苏等，2012；Su and Ang，2013；Lin et al.，2014；Zhang et al.，2014；苑立波，2014；王文治等，2016；胡剑波等，2017；潘安，2018；吕延方，2019）。有些研究者以此为依据，提出中国已成为发达国家污染产业转移和碳排放的"污染天堂"，中国与发达国家的贸易存在碳泄漏问题。然而，出口贸易隐含碳排放规模较大的主要决定因素是出口规模，出口贸易的绝对规模扩大有可能决定了出口隐含碳排放的增加，而"环境库兹涅茨曲线"的验证结果受到指标变量和数据可获得性的影响，特别是考察时期的选择对动态变化结果具有决定性影响（张云等，2015）。

目前，有关贸易开放影响环境的研究形成了不同的理论解释路径，而且实证检验结论差异较大甚至相反；贸易开放与隐含碳排放的关系不仅理论逻辑的推导论证较为复杂，而且实证检验结果也受到变量选择、时期变化等不确定因素的影响。碳泄漏负效应拓展了理论解释范畴和完善了问题分析框架。从实际情况看，我国工业门类齐全、结构性差异极大，本书预期贸易开放碳泄漏对我国工业部门内不同行业的影响存在复杂的差异化结果。为此，本书实证检验了中国工业部门贸易开放的碳泄漏问题，相较已有研究试图有所创新：第一，已有研究大部分都是针对构建工业部门整体行业面板模型进行检验分析，本书考虑到对外贸易引致的结构效应对一国环境的影响并不能从理论上给予明确的预测，而是一个有待实证检验的问题（彭水军，2013），尝试以细分行业作为研究对象开展分类研究；第二，本书对高、低碳排放行业的分类，不但利用常见方法，即以计算行业直接碳排放强度作为分类标准，而且重点推导了单区域投入产出模型测度净出口隐含碳排放强度，并以此作为分类标准。后者可以有效反映本书研究对象为对外贸易环境效应的特殊性，实证结果的对比分析也证实了这种判断，本书还利用"环境库兹涅茨曲线"验证了实证结果的可靠性。

6.1.2　建立面板模型和确定数据来源

本书在面板模型中引入贸易开放度和行业发展水平交叉项来检测碳泄漏的存在性。已有研究证明，当发达国家向中国转移高碳排放产业时，若回归交叉项系数估计值为正，则判断中国外贸存在碳泄漏问题；若回归交叉项系数估计值为负，则不存在碳泄漏问题（Richard and Piergiuseppe，2012）。而且，根据已有理论和实证研究结论，承接发达国家高碳排放行业的国家，最有可能成为碳排放的"污染天堂"，所以关于"污染天堂"的检验结果可以作为碳泄漏实证分析结果的证据。关于贸易开放度，一般可以采用两种度量方法：一种是直接方法，如果直接测算的贸易壁垒越低，那么贸易开放度就越高；另一种是间接方法，根据贸易流量大小估测贸易开放程度，贸易流量与完全自由贸易预测值越接近，则贸易开放程度就越高（李坤望、黄玖立，2006）。有学者选取贸易依存度、实际关税率、黑市交易费用、道拉斯（Dollars）指数、修正的贸易依存度等 5 种指标测算中国的贸易开放度，发现只有外贸依存度可以较好地反映中国经济开放程度与经济增长的关系（包群等，2003）。本书将采用外贸依存度指标，即行业进出口值与产出之比作为度量贸易开放度的指标，这种方法在许多文献中常见（赵进文、丁林涛，2012；马颖等，2012）。本书参考前人的研究（Richard and Piergiuseppe，2012；傅京燕等，2014），对行业发展水平采用工业增加值度量。根据中国工业部门 2000—2015 年的分行业数据，构建面板模型为

$$CEM_{i,t} = a + bTOI_{i,t} + cIVA_{i,t} + dTOI_{i,t} \times IVA_{i,t} + eX_{i,t} + \varepsilon_{i,t}$$

$$(6-1)$$

式中，i 代表不同的行业；t 代表不同时间（单位为年）；$CEM_{i,t}$ 表示第 i 个行业在第 t 年的碳排放强度（或碳排放总量、人均碳排放量）；$TOI_{i,t}$ 表示第 i 个行业在第 t 年的贸易开放度；$IVA_{i,t}$ 表示第 i 个行业在第 t 年的工业增加值；$TOI_{i,t} \times IVA_{i,t}$ 表示贸易开放度与行业发展水平的交叉项；$X_{i,t}$ 表示其他控制变量，主要包括经济活动强度 $ACT_{i,t}$、行业职工人数 $POP_{i,t}$、研发强度 $TOR_{i,t}$ 等；$\varepsilon_{i,t}$ 为随机误差项；a、b、c、d 和 e 为待估计系数。为消除数据异方差影响，模型指标数据采用自然对数形式。

本书把行业进出口值在产出中的占比作为贸易开放度指标，从指标回归系数含义上看，若系数 b 为正值，则说明贸易开放导致中国工业部门的碳排放增加；反之，若系数 b 为负值，则说明贸易开放有助于减少中国工业部门的碳排放、改善环境。本书将分别测算中国工业部门的碳排放总量和碳排放强度两个指标并用于实证分析，碳排放总量是通过计算行业能源消耗量及对应碳排放系数乘积得到，碳排放强度是行业碳排放总量除以行业产出得到的单位产出碳排放量。碳排放总量和碳排放强度具有不同特征，前者作为规模性指标主要由行业产出规模、生产条件等决定；后者作为相对性指标，主要反映行业产出结构和生产技术等情况。

关于控制变量的选择，随着工业部门的经济活动增强，其所消耗的化

石能源等也会增加，并导致碳排放增加。本书参考已有研究（彭水军等，2013），利用行业消耗电力作为经济活动强度的衡量指标；工业行业的职工人数是计算行业人均产出、人均收入和人均碳排放的分母性指标，不仅对衡量和对比行业碳排放结构差异与跨期差异具有重要意义，也是政府制定行业减排策略的重要参考指标；本书采用研发经费支出与产出的比值作为度量指标，以反映技术效应。

本书实证数据主要来自经合组织数据库、中经网数据库和相关年份的《中国统计年鉴》《中国工业经济统计年鉴》①《中国人口和就业统计年鉴》②《中国环境统计年鉴》③和《中国能源统计年鉴》等，时间跨度为2000—2015年。来自经合组织数据库的工业行业进出口贸易数据分类标准为 ISIC 标准，通过与该数据库投入产出表内的行业分类进行对比和归类之后，本书共得到 20 个行业，其相关数据利用年平均汇率计算人民币标价金额。对所有交叉项数据进行中心化处理，以减少共线性可能导致的回归结果不合理（Aiken and West，1991）。

6.2　中国工业部门整体和分行业实证检验

6.2.1　工业部门整体的实证检验

本书使用的分析工具是 Eviews 8.0 和 Matla b。为保证数据的可分析性和避免伪回归，首先进行数据平稳性检验，结果显示在 1% 显著性水平上为非平稳的面板数据，进行一阶差分后数据具有平稳性；其次进行数据协整检验，证实变量之间存在长期稳定关系即协整关系。本书在回归过程中"控制"了年份和行业，通过 Hausman 检验分析每组数据采用固定效应还是随机效应模型，判断依据为在 5% 显著性水平上选择更合适的模型。

---

① 自 2013 年开始，更名为《中国工业统计年鉴》。
② 2006 年及以前称《中国人口统计年鉴》。
③ 2005 年及以前称《中国环境统计》。

　　把中国工业部门所有行业作为整体进行面板模型回归检验，因变量分别选择行业碳排放强度和行业碳排放总量，其检验结果见表6-1。表中（1）、（2）、（3）列是对行业碳排放强度的回归结果，（4）、（5）、（6）列是对行业碳排放总量的回归结果。实证结果显示，行业贸易开放度变量系数为正，而且行业碳排放强度回归结果通过检验，反映了从中国工业部门整体来看，贸易开放提高了中国工业部门的碳排放强度。进一步加入贸易开放度二次项进行回归，发现二次项系数为负，一次项系数为正，对应曲线呈现"倒U"形，说明从整体看中国工业部门的行业贸易开放度提高对碳排放强度的影响是先增强然后减弱，拐点已经出现，这个研究结果是延长考察时间段和引入新数据时所反映的情况。

　　行业贸易开放度、行业增加值交叉项回归系数分别为负和正，但不显著，无法判断中国工业部门整体碳泄漏的存在性；行业增加值回归结果反映行业碳排放强度随着工业增加值的提高而下降，而行业碳排放总量则随着工业增加值的提高而增加。分析控制变量系数及其显著性，发现中国工业部门的生产越活跃，行业碳排放强度和总量越大；行业职工人数系数在行业碳排放强度和排放总量回归时的符号相反，但基本都是不显著的；研发强度的提高，一般情况下对应工业部门碳排放强度的下降，但表6-1对中国工业部门整体的行业碳排放总量的影响不显著，显然研发强度在工业较快发展情况下无法决定碳排放量的增减。

　　值得注意的是，中国工业门类齐全、结构性差异极大，正如前述文献述评中所阐述的，对外经济活动引致的结构效应已经引起学者的关注（彭水军等，2013；Antweiler et al.，2001）。为分析中国工业部门不同行业贸易开放对碳排放的影响，从行业结构角度探索政策效应与未来预期，本书尝试把中国工业部门分为高碳行业和低碳行业两类进行实证研究。

表 6-1 行业整体的回归结果

变量	行业碳排放强度			行业碳排放总量		
	（1）	（2）	（3）	（4）	（5）	（6）
Constant	6.350*** (20.430)	6.418*** (20.908)	6.945*** (23.490)	4.674*** (27.601)	4.646*** (28.232)	4.487*** (26.045)
ACT	0.361*** (5.413)	0.407*** (6.193)	0.476*** (7.955)	0.663*** (23.498)	0.660*** (23.031)	0.630*** (22.507)
POP	−0.622 (−0.930)	−0.100 (−1.524)	0.017 (0.304)	0.033 (1.225)	0.041 (1.478)	−0.979*** (−35.673)
TOR	−0.622*** (−22.083)	−0.637*** (−22.878)	−0.334*** (−8.934)	0.014 (1.195)	0.015 (1.257)	−0.043 (−1.165)
TOI	0.250*** (6.145)	0.130** (2.476)	0.227*** (6.006)	0.016 (0.955)	0.037* (1.655)	0.037* (1.727)
TOI^2		−0.030*** (−3.556)			0.005 (1.505)	
IVA			−0.508*** (−9.967)			0.113*** (4.854)
TOI×IVA			−0.013 (−1.382)			0.003 (0.811)
时间	控制	控制	控制	控制	控制	控制
行业	控制	控制	控制	控制	控制	控制
调整的 R^2	0.8629	0.8584	0.8965	0.9117	0.9113	0.8425
模型类型	随机效应	随机效应	随机效应	随机效应	随机效应	随机效应

注：①括号内为系数 t 检验值；②*、**、*** 分别表示在 10%、5%、1%的水平上显著。以下各表相同。

6.2.2 单区域投入产出模型推导

对高、低碳排放行业的划分，一般研究通常把行业直接碳排放强度作为标准（傅京燕，2014），虽然这种划分方法计算简便，但它只能区分不同行业在国内生产的直接碳排放，而本书主要研究贸易开放的碳排放效应，如果采用这种方法，则无法区分碳排放引致的原因来自国内还是国外。本书尝试通过单区域投入产出模型，依据开放经济体生产过程和投入品来源，推导进出口贸易隐含碳排放的测算公式，然后计算工业部门的净出口隐含碳排放强度，将其平均值作为标准以划分高、低碳排放行业，该方法可以有针对性地反映开放经济体进出口贸易对碳排放的影响。

　　贸易隐含碳的常用测算方法是利用投入产出模型推导计算公式，但如果推导方法以及相关指标估测不同，其计算精确度会有差异。因此，本书参考已有研究（Ahmad and Wyckoff，2002；Lin and Sun，2010），基于开放经济运行逻辑推导 SRIO。美国经济学家 Leontief 创立的标准 SRIO 表达式为 $X = AX + Y$，即 $X = (I - A)^{-1}Y$。其中，X 表示总产出（列向量），A 表示直接消耗系数矩阵，Y 是最终使用（等于最终需求），$(I - A)^{-1}$ 表示 Leontief 逆矩阵（也称完全需求系数矩阵）。

　　如果经济体属于开放经济体，由于存在进出口贸易，所以其投入产出关系相比封闭经济体更为复杂。开放经济体通过对外贸易进口的商品和服务中有一部分进入最终消费，还有一部分进入国内的生产环节而成为中间投入产品。如果用 A^d 表示一国产品（中间投入）的直接消耗系数矩阵，用 A^{im} 表示进口产品（中间投入）的直接消耗系数矩阵，开放经济体的直接消耗系数矩阵 A 包括两部分，即 $A = A^d + A^{im}$；进一步用 M 代表直接消耗系数中进口比例的对角矩阵，那么 $A^{im} = MA$，$A^d = (I - M)A$。矩阵 M 的元素用 m_{ii} 表示，$m_{ii} = x_i^{im} / (x_i + x_i^{im} - y_i^{ex})$，其中 x_i 代表行业 i 的产出，x_i^{im} 代表行业 i 的进口，y_i^{ex} 代表行业 i 的出口。每个开放经济体总的进口产品 X^{im} 包括进口产品形成的中间投入产品 $A^{im}X$ 和进口产品形成的国内最终消费 Y^{im}，进口产品（中间投入）在国内经过生产流程之后又成为最终产品 $A^{im}(I - A)^{-1}Y$，因此，总的进口产品为 $X^{im} = A^{im}(I - A)^{-1}Y + Y^{im}$。

　　根据上述分析可知，开放经济体各个行业的中间投入产品既有来自国内的，也有来自国外的。假设行业 j 的直接碳排放系数为 e_j^d 和隐含碳排放系数为 E_j^d，所有行业联合表示的隐含碳排放系数为 $E^d = e^d(I - A)^{-1}$。有研究（Lin and Sun，2010；闫云凤、赵忠秀，2012）指出，开放经济体的各类产品都可以利用进口、出口两个维度加以分类，根据产品生产和消费国的不同，隐含碳排放可以分为Ⅰ、Ⅱ、Ⅲ和Ⅳ4类。第Ⅰ类是在国内生产、国内消费的产品的隐含碳排放：$E^d(Y - Y^{ex})$；第 Ⅱ 类是在国内生产但在国外消费的产品的隐含碳排放：$E^d Y^{ex}$；第 Ⅲ 类是在国外生产的直接进入国内消费的产品，以及进口产品（中间投入）在国内加工后在国内消费的产品的隐含碳排放：$E^d Y^{im} + E^d A^{im}(I - A)^{-1}(Y - Y^{ex})$；第 Ⅳ 类是在国外生产的进口产品（中间投入）在国内进一步加工后出口的产品的隐含碳排放：$E^d A^{im}(I - A)^{-1} Y^{ex}$。第 Ⅱ 类和第 Ⅳ 类碳排放之和就是出口产品的隐含碳排放，第 Ⅲ 类和第 Ⅳ 类碳排放之和是进口产品的隐含碳排放；出口产品隐含碳排放减去进口产品隐含碳排放就得到净出口隐含碳排放：

$$Q^{net} = E^d Y^{ex} - E^d Y^{im} - E^d A^{im}(I - A)^{-1}(Y - Y^{ex}) \qquad (6-2)$$

计算碳排放量的主要方法是能源消耗量及其排放系数乘积，但是用不同能源统计数据计算得到的结果存在较大差异，因为消耗的各类能源转换为标准煤或固、液、气体能源时会产生误差，而且对应的排放系数也是估测值。本书将根据实物能源消耗量及其排放系数来测算碳排放量，所使用的计算公式是政府间气候变化专门委员会 2006 年提供的能源单位标识的碳排放系数公式：

$$\theta_i = NCV_i \times CC_i \times COF_i \times (44/12) \qquad (6-3)$$

其中，NCV_i 表示平均低位发热量，CC_i 表示碳排放因子，COF_i 表示碳氧化因子，IPCC 取缺省值 1，44 和 12 分别是二氧化碳和碳分子量。本书从《中国能源统计年鉴 2011》收集了各个行业消耗的 18 种实物能源消耗量，计算了中国工业部门 20 个行业的碳排放量，然后测算工业部门的直接碳排放强度。本书根据国家统计局公布的 2010 年投入产出表及国研网数据库中的数据计算了 20 个行业的对角矩阵 M，然后计算了行业的出口产品和进口产品隐含碳排放量，进而计算了行业净出口隐含碳排放强度。

上述计算得到我国工业部门所有行业净出口隐含碳排放强度的平均值为 0.237tCO^2/万元，如果以此为标准划分高、低碳排放行业，则煤炭开采和洗选业，非金属矿物制品业，造纸印刷及文教体育用品制造业，石油加工、炼焦及核燃料加工业，金属冶炼及压延加工业，化学工业，电力、热力的生产和供应业共 7 个行业属于高净出口隐含碳排放行业（以下用

"HEI"代表），剩余的 13 个行业为低净出口隐含碳排放行业（以下用"LEI"代表）。与此分类标准做对比，如果采用直接碳排放强度作为划分标准，则中国工业部门直接碳排放强度的平均值为 0.3718 tCO^2/万元，只有 6 个行业被归为高直接碳排放行业（以下用"HII"代表），分别为煤炭开采和洗选业，石油和天然气开采业，非金属矿物制品业，石油加工、炼焦及核燃料加工业，金属冶炼及压延加工业，化学工业；剩余的 14 个行业则为低直接碳排放行业（以下用"LII"代表）。对比上述分类结果可知两者之间存在不同，造纸印刷及文教体育用品制造业，电力、热力的生产和供应业属于 HEI，但不属于 HII，说明这两个行业出口产品引致的国内碳排放强度相对比较高；而石油和天然气开采业属于 HII，而没有被归为 HEI，说明这个行业的国内碳排放强度很高，但出口引致的碳排放强度相对较低。

6.2.3 高、低碳排放行业分类检验与对比分析

以净出口隐含碳排放强度平均值为标准分类得到 HEI 和 LEI，以直接碳排放强度平均值为标准分类得到 HII 和 LII，本书就此分别进行检验。考虑到中国行业碳排放总量变化主要受规模效应的影响，而技术、结构等因素的影响相对较小（Cole and Elliott，2003），因此本书选择对行业碳排放强度进行分析，结果见表 6-2 和表 6-3。

表 6-2　HEI 和 LEI 排放强度的回归分析
（出口净隐含碳排放强度）

变量	HEI			LEI		
	（1）	（2）	（3）	（4）	（5）	（6）
Constant	5.186 ***	5.328 ***	4.390 ***	6.436 ***	6.498 ***	7.111 ***
	（6.701）	（6.358）	（6.250）	（20.539）	（20.262）	（22.891）
ACT	0.322 **	0.318 **	0.595 ***	0.369 ***	0.369 ***	0.549 ***
	（2.933）	（2.857）	（8.153）	（4.851）	（4.767）	（7.083）
POP	0.253	0.210	0.223 **	−0.160 **	−0.168 **	−0.101
	（1.417）	（1.100）	（2.495）	（−2.262）	（−2.371）	（−1.512）
TOR	−0.528 ***	−0.518 ***	−0.389 ***	−0.644 ***	−0.646 ***	−0.437 ***
	（−11.035）	（−10.411）	（−3.392）	（−19.379）	（−19.170）	（−9.404）

续表

变量	HEI			LEI		
	（1）	（2）	（3）	（4）	（5）	（6）
TOI	0.576***	0.561***	0.235***	−0.051*	−0.069*	−0.073*
	（9.360）	（5.541）	（4.312）	（−1.681）	（−1.796）	（−1.616）
TOI²		−0.003**			0.013	
		（−2.818）			（0.643）	
IVA			−0.318**			0.037**
			（−1.983）			（1.920）
TOI×IVA			0.060			−0.019*
			（1.499）			（−1.753）
时间	控制	控制	控制	控制	控制	控制
行业	控制	控制	控制	控制	控制	控制
调整的 R^2	0.9050	0.8998	0.5598	0.8782	0.8798	0.9003
模型类型	随机效应	随机效应	随机效应	随机效应	随机效应	随机效应

前述分析结果说明了中国工业部门整体（以下用"ITI"表示）的碳排放强度与贸易开放度的对应曲线呈现"倒U"形，贸易开放对 ITI 的碳排放强度的影响是先增强后减弱。对 HEI 的实证结果与 ITI 类似，贸易开放对 HEI 的碳排放强度的影响是先增强后减弱，对应的曲线同样呈现"倒U"形。行业贸易开放度与增加值交叉项的回归系数为正但不显著，同样无法判别 HEI 的碳泄漏存在性，行业增加值回归系数为负且在 5% 水平上显著，说明 HEI 的碳排放强度随着工业增加值的提高也呈下降趋势。对 LEI 的实证结果差异较大，贸易开放度一次项系数为负且显著，而二次项系数为正但不显著，行业贸易开放度与碳排放强度之间不存在"倒U"形的曲线，可以反映的是贸易开放度的提高降低了 LEI 的碳排放强度。LEI 的行业增加值回归系数为正且在 5% 水平上显著，说明随着行业发展碳排放强度有提高趋势，而行业贸易开放度与增加值交叉项的回归系数为负且在 10% 水平上显著，可以判断 LEI 不存在碳泄漏（不出现一般含义上的正碳泄漏效应），而且结合"LEI 贸易开放度的提高会降低行业的碳排放强度"，可以判断 LEI 对应的碳泄漏效应可能为负。

表6-3 显示的是对 HII 和 LII 的回归结果。其中，单独对 HII 的贸易开

放度的检验结果不显著，贸易开放度一次项系数和二次项系数均为负且显著，说明不存在"倒 U"形曲线。HII 的行业增加值回归系数为负且显著，说明随着行业发展其碳排放强度降低，而行业贸易开放度与增加值交叉项的回归系数为负但不显著，无法判断 HII 的碳泄漏情况。LII 的检验结果证明了贸易开放度和行业碳排放强度存在"倒 U"形曲线的关系，但单独回归系数为负且显著，反映了贸易开放度的提高降低了 LEI 的碳排放强度，与 HII 的情况正好相反；同样，LII 贸易开放度与增加值交叉项的回归系数为负但不显著，无法判断 HII 的碳泄漏情况，这个结果显然与 LEI 不同，LEI 可证明不存在碳泄漏。

表 6-3　HII 和 LII 排放强度的回归分析（直接碳排放强度）

变量	HEI			LEI		
	(1)	(2)	(3)	(4)	(5)	(6)
Constant	5.608 ***	4.920 ***	10.313 ***	5.809 ***	5.954 ***	6.735 ***
	(16.610)	(19.108)	(14.660)	(19.788)	(19.839)	(22.551)
ACT	0.735 ***	0.681 **	0.325 ***	0.285 ***	0.319 ***	0.510 ***
	(8.412)	(10.125)	(3.269)	(3.987)	(4.362)	(7.077)
POP	0.277 ***	0.292 ***	−0.526 ***	0.015	−0.024	0.051
	(3.300)	(6.391)	(−3.162)	(0.226)	(−0.338)	(0.832)
TOR	−0.852 ***	−0.790 ***	−0.208 ***	−0.618 ***	−0.629 ***	−0.371 ***
	(−22.448)	(−19.668)	(−2.685)	(−20.608)	(−20.687)	(−9.446)
TOI	0.067	−0.221 *	−0.137 **	0.207 ***	0.130 **	0.193 ***
	(1.289)	(−1.911)	(−2.047)	(4.751)	(2.239)	(4.605)
TOI^2		−0.091 **			−0.019 **	
		(−2.410)			(−2.087)	
IVA			−0.547 ***			−0.525 ***
			(−6.377)			(−8.059)
$TOI*IVA$			0.049			0.002
			(1.058)			(0.211)
时间	控制	控制	控制	控制	控制	控制
行业	控制	控制	控制	控制	控制	控制
调整的 R^2	0.8925	0.8919	0.9131	0.8776	0.8804	0.9100
模型类型	随机效应	随机效应	随机效应	随机效应	随机效应	随机效应

　　至于控制变量的检验结果，无论是 HEI 和 LEI，还是 HII 和 LII，结果都显示中国工业部门的生产越活跃，行业碳排放强度和总量越大，而研发

强度的提高一般情况下使 4 类行业的碳排放强度降低。不过，存在较大不稳定性的是行业职工人数系数的检验结果，通过检验的 HEI 和 LEI 回归结果是一正一负，并且系数检验结果不显著。

6.2.4　实证结果稳健性检验

为验证上述回归结果的稳健性，本书采用行业人均产出 $GPC_{i,t}$ 代表行业发展水平，构建行业贸易开放度与人均产出的交叉项 $TOI_{i,t} \times GPC_{i,t}$ 以考察 ITI、HEI、LEI 的碳泄漏问题，结果见表 6-4（为节约篇幅，表中省略了常数项、控制变量等系数的回归结果）。表 6-4 的结果显示，HEI 行业人均产出的回归系数为负且显著，说明行业人均产出的增加会降低碳排放强度；LEI 和 ITI 行业人均产出的回归系数为正且显著，说明行业人均产出的增加会提高碳排放强度。HEI 的贸易开放度与人均产出的交叉项系数为正且不显著，说明贸易开放可能提高了行业碳排放强度，但无法判断碳泄漏问题。LEI 和 ITI 的贸易开放度与人均产出的交叉项系数为负，而且 LEI 的回归结果显著、ITI 的回归结果不显著，可见 LEI 不存在一般意义上的正碳泄漏效应，实际碳泄漏效应可能为负。

表 6-4　贸易开放度与人均产出的交叉项回归结果

变量	HEI	LEI	ITI
TOI	0.093 * （1.742）	−0.021（0.935）	0.047 ** （2.260）
GPC	−0.473 *** （−3.390）	1.043 *** （9.22）	1.002 *** （7.288）
$TOI \times GPC$	0.075（0.533）	−0.023 *** （−2.667）	−0.023（−0.739）
时间	控制	控制	控制
行业	控制	控制	控制
调整的 R^2	0.8015	0.9632	0.9111
模型类型	随机效应	随机效应	随机效应

总结以上分析结果，对中国工业部门中 HEI 碳泄漏问题无法判断，但 LEI 不存在一般意义上的正碳泄漏效应，实际碳泄漏效应可能为负。这两类行业碳泄漏检验结果的差异，在一定程度上正好解释了前述检验显示 ITI

的碳泄漏问题无法确定的原因。实际上，碳泄漏与贸易隐含碳排放、EKC可以统一在一个框架下分析其相互间的逻辑关系。一般意义上的正碳泄漏效应是因发达国家提高环境规制强度导致高碳产业转移到发展中国家形成的，发达国家需要从发展中国家进口大量商品，那么发展中国家出口产品的贸易隐含碳排放规模巨大是存在碳泄漏问题的必要条件但非充分条件。如果发展中国家已经成为发达国家转移高碳产业的"污染天堂"，则不存在以碳排放为指标的"倒 U"形的 EKC；反之，如果存在"倒 U"形的EKC，则不会持续产生所谓的碳泄漏问题。下面通过检验 EKC 的存在性进一步验和证分析上述结论。

许多学者利用不同指标，针对不同对象进行实证分析：有学者采用时间序列方法对单一国家进行了动态研究（Bruyn，1998）。有学者提出从"因果关系"的角度进行分析更为合理（Dinda and Coondoo，2001；Soytas and Saria，2009），最常见的是基于面板数据的方法进行分析（Dinda，2004）。国内有学者指出，考察经济增长与环境污染的关系可以把人均GDP 作为衡量经济增长的指标（林伯强、蒋竺均，2009；杨子晖 2010）。本书参考已有研究，利用实际人均 GDP 代表"经济增长"，通过引入行业人均产出一次项和二次项考察 EKC，验证各行业是否存在 EKC。判定方法是，如果行业实际人均 GDP 的一次项系数为正而二次项系数为负，那么说明环境污染与收入水平之间存在"倒 U"形的 EKC。用 $Y_{i,t}$ 代表行业人均产出，构建模型如下。

$$\ln CEM_{i,t} = \alpha_0 + \alpha_1 \ln Y_{i,t} + \alpha_2 (\ln Y_{i,t})^2 + \alpha_3 X_{i,t} + \mu_{i,t} \qquad (6-4)$$

表 6-5 是针对分行业 HEI、LEI 和 ITI 检验 EKC 的结果。对 ITI 的回归结果显示人均实际收入的一次项系数为负、二次项系数为正，且两个系数回归都不显著，说明中国工业部门所有行业作为整体不符合"倒 U"形曲线特点。对 HEI 的回归结果显示人均实际收入的一次项系数为负且显著，二次项系数为正但不显著，说明高净出口隐含碳排放行业也不存在"倒U"形曲线，所以 ITI 和 HEI 都不存在或未显现 EKC。LEI 的回归结果显示一次项系数为正且在 1% 水平上显著，二次项系数为负且在 10% 水平上显

著，符合"倒 U"形曲线的特点，说明中国工业部门的低净出口隐含碳排放行业存在 EKC。

表 6-5 中国工业部门 3 类行业的 EKC 检验结果

变量	HEI	LEI	ITI
Constant	5.005 *** （11.981）	5.669 *** （18.759）	5.730 *** （26.673）
ln*ACT*	0.504 *** （6.649）	0.750 *** （21.415）	0.622 *** （19.261）
ln*POP*	−0.692 *** （−5.015）	−1.032 （−23.581）	−0.946 *** （−22.948）
ln*TOR*	−0.018 （−0.338）	−0.084 *** （−3.121）	−0.060 *** （−2.730）
ln*Y*	−1.066 *** （−10.395）	1.163 *** （12.179）	−1.079 （−20.031）
（ln*Y*）²	0.020 （1.420）	−0.016 * （−1.803）	0.014 * （1.883）
时间	控制	控制	控制
行业	控制	控制	控制
调整的 R^2	0.8659	0.9618	0.9266
模型类型	随机效应	随机效应	随机效应

分行业的 EKC 检验结果说明，HEI 和 LEI 两类行业的检验结果存在较大差异，在一定程度上可以解释 ITI 的 EKC 无法确定的原因。结合前述分析，如果中国已经成为发达国家转移高碳产业的"污染天堂"，那么就不存在以碳排放为指标的"倒 U"形的 EKC。当然，不存在"倒 U"形的 EKC 并不能判断中国是否已成为发达国家转移高碳产业的"污染天堂"，但如果中国存在"倒 U"形的 EKC，就不会持续产生所谓的碳泄漏问题，因为一旦越过"倒 U"形 EKC 的最高点，那么碳排放将呈现下降趋势。本书实证结果证明 LEI 存在 EKC，那么可以判断中国工业部门低净出口隐含碳排放行业已经越过"U"形 EKC 的最高点而且不存在正碳泄漏效应。

本书以中国工业部门的数据为基础构建面板模型，分析工业部门整体的贸易开放对碳排放强度和排放总量的影响，验证碳泄漏的存在性；同时，基于行业特征和结构差异推导开放经济体投入产出模型，以测算的净出口隐含碳排放强度为标准划分高、低碳排放行业，进行实证检验和对比分析，并对 EKC 的存在性加以验证，得到如下研究结论及启示。

第一，中国工业部门整体和分行业的实证检验结果显示，中国贸易开放度系数为正，即贸易开放度的提高令碳排放强度增强和碳排放总量增长，此结果反映了贸易开放给我国环境带来了负面影响。然而，本书延长了考察时间段并引入了新数据，加入二次项后的检验结果显示存在"倒U"形曲线。也就是说，中国工业部门整体的贸易开放度的提高对碳排放强度的影响是先增强后减弱，拐点已经出现；而且高净出口隐含碳排放行业与低直接碳排放行业的实证结果类似，贸易开放对碳排放强度的影响是先增强后减弱，呈现"倒U"形曲线特征。实证结果还证实，随着对外开放的扩大，我国工业产业结构低碳化转型趋势明显，因此政府在制定对外经济政策时，不需要过分担心贸易开放对环境造成的负面影响，而应该适当且适时地提高环境规制强度，进一步发挥贸易开放对改善环境的作用。当前，国际环境错综复杂，对中国而言既是挑战也是机遇，我国国内对节约资源和保护环境已经形成共识，提高环境规制强度是实现我国对外贸易及产业结构转型的有效途径，既有助于提高我国出口贸易的长期竞争力，也有助于缓解我国的国际气候谈判压力。

第二，本书将工业部门所有行业分为高净出口隐含碳排放行业（HEI）和低净出口隐含碳排放行业（LEI），高直接碳排放行业（HII）和低直接碳排放行业（LII），并对其进行实证研究和对比分析，在不同分类标准下各行业检验结果的差异性，证实了中国工业部门不同碳排放强度的行业存在明显的结构差异。特别是对碳泄漏的检验，证实了LEI不存在一般意义上的正碳泄漏效应，对应的碳泄漏效应甚至可能为负；而且基于碳泄漏与贸易隐含碳、EKC统一框架的逻辑关系的分析结果表明，LEI已经越过"倒U"形EKC的最高点，并不存在正碳泄漏效应。这对于中国政府制定节能减排和对外开放政策具有指导意义。一方面，我国已宣布计划2030年左右二氧化碳排放达到峰值且将努力早日达峰；另一方面，近几年国务院相继发布《关于促进外资增长若干措施的通知》《关于积极有效利用外资推动经济高质量发展若干措施的通知》，而且引进外资对企业效率提高有显著的正向作用（张云等，2019）。有鉴于此，我国可以通过扩大对外开放推动绿色低碳发展，有选择地引进和利用外资以实现产业结构低碳化，通过行业差异化环境规制政策约束高净出口隐含碳排放行业的发展，以实现我国经济新常态下的高质量发展。

第7章 碳泄漏分类效应视角下碳排放责任界定优化研究

生产责任原则和消费责任原则均存在诸多问题，这推动了碳排放责任界定方法的改革。本书提出碳排放责任界定方法的改革方向是共担责任原则，而碳排放责任分担比例难以确定是共担责任原则可操作性差的主要体现，需要构建相关核算模型。国际气候谈判决定了碳排放责任，国际碳交易价格决定了经济利益，它们在碳排放共担责任界定方法的动态运行模型中具有深刻的政策含义。

7.1 碳排放共担责任界定方法与实例估测

7.1.1 碳排放责任界定方法的改革方向：共担责任原则

1. 碳排放责任界定方法的发展历程

污染者付费原则是"庇古税"理论在环境经济领域的实际应用，对于解决污染负外部性以及环境保护领域市场"看不见的手"失灵等问题具有重要的推动意义，以污染者付费原则为基础的碳排放生产责任原则，具有可操作性较强的优势；但是采用生产责任原则界定碳排放责任容易带来碳泄漏和碳排放转移问题，有些国家可以把污染产品生产或者生产中容易产生污染的环节转移到别的国家，比如发达国家把高污染、高能耗产品生产转移至发展中国家，而且采用生产责任原则界定碳排放责任尚存在空白地带，其公平性也受到了广泛的质疑。发达国家（地区）消费了大量产品却只承担较少的碳排放责任，而发展中国家（地区）消费了较少的产品却需要承担更多的碳排放责任，而且碳排放责任界定结果的背后隐含了经济利益的得失。总之，目前用生产责任原则界定碳排放责任，不仅掩盖了开放经济条件下隐含的碳排放"责任转移问题"，也忽略了国际贸易中的碳泄漏问题。对于市场化减排机制——国际碳排放权交易来说，交易初始的"产权界定"要求实际上已无法做到。碳排放责任界定原则的改变造成的影响较大，在大多数情况下比更换温室气体计量对象或者选用的数据库造成的影响还要大。

随着碳排放生产责任原则界定方法产生的问题以及相关讨论的增多，有研究者提出碳排放责任界定的新原则和新方法。学者们研究较多的是，从发展和公平角度对比分析采用生产责任原则、消费责任原则和共担责任原则等的理论依据，以及计算分析不同口径碳排放责任界定的结果，比如Bastianoni（2004）、Lenzen 和 Murray（2007）、Peters 和 Hertwich（2008）、樊纲等（2010）、史亚东（2010）、赵玉焕（2011）、周茂荣和谭秀杰（2012）、秦昌才和黄泽湘（2012）、Wagner（2013）、徐盈之和郭进（2014）、Wei 和 Wang（2014）、Steininger 和 Lininger（2014）等。其中，消费责任原则是针对生产责任原则的不足所提出的新理论，主要考虑消费者消费的最终产品在生产过程中所产生的直接或间接的碳排放对整体生态环境产生的影响，它与碳排放足迹的理念相似。

采用消费责任原则界定碳排放责任有助于避免碳泄漏和碳排放转移问题，有助于加强应对气候变化的国际合作，减少气候谈判中的政治阻力，提高发展中国家与发达国家之间的国际合作水平。此外，采用消费责任原则界定碳排放责任，不仅有助于体现"共同但有区别的责任"，还可以提高消费者的减排意识，丰富全球气候治理政策措施，鼓励技术转移、清洁发展机制与国家排放清单的结合运用，量化国际经济与自然环境的贸易联系，从而形成合理的和可接受的国际碳排放权交易市场价格。但是，消费责任原则也存在不足之处，在政策实施可行性上，进口国消费进口产品引发的碳排放发生在出口国，这在一定程度上降低了消费责任原则界定碳排放责任的可操作性，在政策实施有效性上有可能削弱全球减排效果。另外，消费责任原则界定碳排放责任需要增加一个计算环节，而假设的引入和数据的增多会增加计算结果的不确定性。

正因为生产责任原则和消费责任原则都存在一定不足，所以有研究者从不同角度进行探索。如潘家华和郑艳（2009）、纪玉山和赵洪亮（2010）、彭水军和张文城（2012）、李艳芳和曹炜（2013）、刘昌义和潘加华（2014）等，从国际公平与人际公平、历史责任、罗尔斯正义论、"共同但有区别的责任"等原则的角度探讨了碳排放责任界定的其他思路和方法。Baer等（2008）提出一个温室气体排放发展权框架，该方案综合考虑了责任和能力两类因素，既保障了发展中国家的发展权，强调广大低收入、低排放人群无须承担减排义务；又要求各国高收入、高排放人群均应做出贡献，从而明确了各国的减排义务分担。国务院发展研究中心（2009）从温室气体为全球性公共物品并对所有人产生负外部性角度出发，论述应以"各国人均累积实际排放相等"的原则界定历史碳排放责任和分配未来的碳排放权。上述两种方案具有新意，但是前者考虑了1990—2005年的各国国内实际碳排放，导致新兴市场国家减排义务份额骤增；后者仅根据各国人均累积实际排放相等来分配未来的碳排放权，对国际分工的影响和消费模式的差异缺乏考虑。我国应在关注人均碳排放、历史责任的同时，重视责任划分的问题（周茂荣、谭秀杰，2012）。

许多学者对中国生产和消费碳排放责任问题展开研究。樊纲、苏铭和曹静（2010）根据最终消费与碳减排责任的关系，计算了两种情景下1950—2005年世界各国累积消费碳排放量，发现中国约有14%～33%（或超过20%）的国内实际碳排放是由他国消费所致，而大部分发达国家如英国、法国和意大利则相反；他们从福利角度讨论了以消费碳排放作为公平分配指标的重要性，从而将国际社会应对气候变化的"共同但有区别的责任"原则扩展为"共同但有区别的碳消费权"原则，建议以1850年以来的（人均）累积消费碳排放作为国际公平分担减排责任与义务的重要指标。徐盈之和郭进（2014）计算后提出中国是发展中国家中生产责任最大和消费责任位居第二的国家，然而中国的生产责任是美国生产责任的 1.4 倍，消费责任却只有美国消费责任的 1/10；中国和美国分别是"生产者负担"原则和共担责任原则下碳排放责任最大的国家，同时中国也是共担责任原则下碳排放责任减少幅度最大的国家；资源禀赋状况、经济发展阶段及贸易结构特征是导致我国的碳排放责任呈现上述特征的主要原因。还有学者如张为付和杜运苏（2011）、蒋雪梅和汪寿阳（2011）、史亚东（2012）、闫云凤和赵忠秀（2013）、赵定涛和杨树（2013）等研究了中国生产和消费碳排放责任问题。

2. 碳排放责任界定方法改革目标是共担责任原则

上述研究阐释了以往碳排放责任界定方法存在问题的因果逻辑和数据实证，对碳排放责任界定方法的探索，一方面进一步论证了碳排放责任界定存在不公平问题，另一方面为"后京都"时代国际气候谈判解决碳排放责任界定及减排义务分配问题提供了指导方案。对比生产责任原则、消费责任原则，共担责任原则具有相对较好的接受度和较高的公平性，获得了人们的最大关注和认可。

日本环境学者 Y. Kondo 等（1998）研究指出，要用共担责任原则界定国家的碳排放责任，也就是说，贸易隐含碳排放责任应该由出口国和进口国按照一定比例分担；他们提出共担责任原则的理论依据是"受益原则"，该原则主张所有从碳排放中获益的参与者都需承担责任，从而将责任分配给碳排放背后的所有驱动因素。Rodrigues 等（2006）提出国家碳排放责任应具备 6 个属性：一是各部分碳排放责任之和为整体碳排放责任，二是世界直接碳排放之和等于各国碳排放责任之和，三是碳排放责任包括上游和下游的间接责任，四是分配给下游（上游）各参与者的碳排放责任等于从上游（下游）获得的产品量之比，五是在直接碳排放量降低情况下碳排放责任才能下降，六是生产者和消费者的责任具有对称性；同时具备这 6 个属性的只有共担责任原则。Lenzen 等（2007）指出共担责任原则的优点：相比生产责任原则，在该原则下生产链上各环节的责任都与其上、下游环节密切相关，从而鼓励各环节相互配合以减少整条生产链的碳排放；相比消费责任原则，该原则将促使生产者和消费者合力减少产品的碳排放。Zhou 和 Kojima（2009）也认为在众多责任划分原则中，共担责任原则可能更恰当，因为生产者和消费者每天都在做出影响环境的生产和购买决策。

就减排效果而言，共担责任原则同样有助于解决碳泄漏问题（Ferng，2003），当人们对生产责任原则和消费责任原则争执不下时，共担责任原则可能成为妥协方案（Bastianoni 等，2004）。Manfred 和 Joy（2013）把投入产出法与结构路径分析结合在一起研究，运用阈值捕捉技术构造了衡量包含上游产业和下游产业在内的完整碳足迹量化框架，然后通过实证研究证明"下游责任"应该受到重视。Rodrigues 等（2015）研究提出，共担责任原则可以鼓励产品生产环节相互配合，改变生产环境，有效减少碳排放，共担责任原则不仅是有效的激励机制，而且在理论上可以证明具有很好的减排效果。

国内学者周茂荣和谭秀杰（2012）论述了出口贸易中隐含的碳排放是为满足进口国消费而引起的，这部分碳排放的责任划分问题引起了国际学术界的广泛讨论并先后提出了生产责任原则、消费责任原则及共担责任原则。两位学者的研究指出，我国碳净出口量居世界第一位，占到国内碳排放量的20%以上，生产责任原则显然对我国最为不利；消费责任原则虽大大减轻了我国的碳排放责任，但也存在问题，比如消费责任原则为发达国家征收碳关税或强制推行碳标签提供了依据；共担责任原则对我国碳排放责任的影响介于前两者之间，不过该原则的依据更为充分，而且作为前两者的折中方案更容易获得支持；在气候谈判中不必强推消费责任原则或共担责任原则，但是要以此推动"共同但有区别的责任"原则的具体化。杜运苏和张为付（2012）发现中国出口贸易隐含碳排放数量巨大，在中国碳排放总量中占比很高，且在行业分布和国别流向方面表现出较高的集中度。出口总量增长是导致中国出口贸易隐含碳排放增长的主要因素，虽然直接碳排放系数降低和中间生产技术进步对碳排放增长起到了一定的抑制作用，但出口结构改善对抑制碳排放增加的作用非常有限，在某些年份和个别出口贸易伙伴中，由于出口结构恶化反而导致碳排放增加，因此我国积极推进建立生产和消费共担责任的核算标准，加快促进中国出口商品结构的优化，通过技术引进与创新相结合以降低出口的碳排放强度。徐盈之和郭进（2014）测算了25个世界贸易组织成员的隐含碳排放，基于"生产者和消费者共担"原则对各国的碳排放责任进行了核算，并将其与"生产者负担"原则下各国的碳排放责任进行了比较，证明各国的碳排放呈现出不同的特征，共担责任原则对各国碳排放责任的界定更加公平和有效。

可见，共担责任原则是未来生产责任原则界定方法改革的新方向，但是共担责任原则也存在问题，如分担比例问题将成为新的争论焦点（Peters，2008）。碳排放责任分担比例难以确定是共担责任原则可操作性差的最主要体现，除了确定出口国与进口国之间的责任分担系数之外，还有一个困难就是如何构建贸易碳排放共担责任核算模型。但是总体来看，与生产责任原则和消费责任原则相比，共担责任原则充分考虑了生产中各个环节的碳排放情况，有助于激励生产者和消费者相互配合以减少整条生产链中的碳排放。目前，对碳排放共担责任原则的研究尚处于理论建构阶段，实证研究较少。有研究尝试采用以增加值为分配指标的共担责任原则，该方法的核算结果可以反映国家在全球生产价值链中的地位，较为合理地分担减排责任有助于促进国家整体的产业升级。

总结对比生产责任原则、消费责任原则和共担责任原则等界定国际贸易隐含碳排放责任的差异：生产责任原则把碳排放责任界定为出口国，消费责任原则把碳排放责任界定为进口国，而共担责任原则把碳排放责任界定为出口国和进口国共同分担。表7-1对比了3种原则在责任划分、公平性、减排效果、可操作性等方面的优劣势。从公平性来看，生产责任原则在目前国际贸易发展状况下引致发达国家转移碳排放至发展中国家，结果是发展中国家承担减排成本，国际公平性最差；消费责任原则对于国际贸易隐含碳排放责任的界定是由进口国即发达国家承担，公平性有所提高，但是从一个极端走向了另一个极端；共担责任原则主张由受益的进口国和出口国共同分担贸易碳排放责任，可以消除极端做法的不合理性，公平性最高。从减排效果来看，生产责任原则容易导致碳泄漏，而且发展中国家主动参与减排的意愿不强，不利于控制高能耗的奢侈性消费；消费责任原则针对的是生产责任原则产生的碳泄漏问题，但是在此原则下出口国缺乏减排动力，即使进口国采用碳关税等贸易措施也很难调动贸易伙伴减排的积极性，而且容易引起贸易摩擦；共担责任原则理论上有助于形成减排合力，将促进出口国和进口国共同减排。就可操作性而言，生产责任原则的可操作性最强，对数据要求低，计算简单方便，在已有碳排放责任界定中使用多年；消费责任原则可操作性相比生产责任原则要低，计算时需要增加一个步骤，对数据要求更高，不确定性增加，目前实际操作经验不足；共担责任原则可操作性最低，这种方法需要增加新的步骤，需要大量数据，而且对于分配比例等问题也有待论证解决。

表 7–1   3 种原则界定国际贸易隐含碳排放责任的对比

项目	生产责任原则	消费责任原则	共担责任原则
责任划分	出口国承担	进口国承担	两者按比例分担
公平性	低	中	高
减排效果	引起碳泄漏	减排动力不足	形成减排合力
可操作性	高	中	低

7.1.2   碳排放共担责任原则的责任分配：以中国为例的估测

关于碳排放责任界定方法的改革受到了众多关注，政府、民众和学术界都提出了各种各样的改进方案或思路，其中影响力和认可度相对较高的方案有两种。

第一种是变生产责任原则为消费责任原则，这种改革方案获得了发展中国家，特别是在目前以生产责任原则界定碳排放责任情况下隐含经济利益损失国家的支持。当然，这种改革方案遭到了在目前以生产责任原则界定碳排放责任情况下获得隐含经济利益国家的反对，反对声音较大的主要是美国、日本和欧盟等发达国家和地区。

第二种是变生产责任原则为共担责任原则，虽然这种改革方案还是会受到在目前以生产责任原则界定碳排放责任情况下获得隐含经济利益方的反对和阻挠，但是这种方案考虑了在目前生产责任原则下隐含获利和损失双方的经济利益变化情况，与消费责任原则相比，提高了发展中国家（地区）和发达国家（地区）双方的可接受度。然而，共担责任原则对于如何在双方甚至多方之间进行责任分配，存在较多困难和较大争议。本书尝试以中国为例提出一种界定碳排放共担责任的思路，构建国际贸易碳排放共担责任分配模型，并分析净出口隐含碳排放较大行业共担责任的实例。

发达国家在国际分工中处于产业链上游，出口产品以高技术和服务业为主，碳排放量相对较低；而发展中国家以低端产品出口为主，碳排放量较高（齐晔和李惠民等，2008）。本书第 3 章推导了投入产出模型并计算了在贸易平衡条件下我国的贸易隐含碳排放量。一个国家生产产品中涉及的隐含碳排放量根据生产国和消费国的不同，可以分为 I （国内生产、国内消费的产品）、II （国内生产、国外消费的产品）、III （国外生产、国内消费的产品）、IV （进口产品经国内生产后出口到国外消费的产品） 4 类。

I 的计算公式为 $E^d(Y - Y^{ex}) = c^d(I - A)^{-1}(Y - Y^{ex})$ 　　　　(7-1)

II 的计算公式为 $E^d Y^{ex} = c^d(I - A)^{-1} Y^{ex}$ 　　　　(7-2)

III 的计算公式为

$$E^d Y^{im} + E^{im}(Y - Y^{ex}) = c^d(I - A)^{-1}[Y^{im} + A^{im}(I - A)^{-1}(Y - Y^{ex})]$$

(7-3)

IV 的计算公式为 $E^{im} Y^{ex} = c^d(I - A)^{-1} A^{im}(I - A)^{-1} Y^{ex}$ 　　　　(7-4)

对上述公式进行分类合并，则一国出口产品隐含的碳排放量为 $Q^{eee} =$ II + IV，进口产品隐含的碳排放量为 $Q^{eei} =$ III + IV，那么在进出口贸易平衡条件下的净隐含碳排放量计算公式为

$$Q^{trade} = Q^{eee} - Q^{eei} = E^d Y^{ex} - E^d Y^{im} - E^d A^{im}(I - A)^{-1}(Y - Y^{ex}) \quad (7-5)$$

本书在此基础上基于共担责任原则，以行业产出增加值为衡量指标确定产业链上、下游行业的碳排放责任分配比例，构建国际贸易碳排放共担责任分配模型。以行业产出增加值为度量标准确定产业链上、下游行业的责任是学术界研究相关问题的一种重要方法，本书借鉴赵定涛和杨树（2013）等的研究，构建国际贸易碳排放共担责任分配模型。用 R_p 表示生

产国（出口国）责任，用 R_c 表示消费国（进口国）责任，总的碳排放责任 R_t 为

$$R_t = R_p + R_c \tag{7-6}$$

出口国碳排放责任等于产业链上、下游各行业部门碳排放责任之和，产业链存在循环消耗关系，采用部门间中间投入进行迭代修正，得到产业链单向流动的行业投入值。产业链下游行业和最终消费者都是上游行业生产的受益者，因此上游行业的碳排放责任应该由行业本身、下游行业及最终消费者三者共同承担。用 α 代表上、下游行业间碳排放责任分配比例系数，用 β 代表行业部门与消费者之间碳排放责任分配比例系数，把行业部门 i 的增加值 v_i 作为衡量指标，则有：

$$1 - \alpha_i = 1 - \beta_i = v_i / (x_i - t_i) \tag{7-7}$$

其中，$(x_i - t_i)$ 代表行业部门总产出减去行业内交易值得到的行业部门 i 的净产出。基于行业 i 产出分析，最终消费产出 y_i 对应碳排放责任由行业 i 和最终消费者分担，中间投入产出 $(x_i - y_i)$ 对应的碳排放责任由行业 i 和下游行业部门分担。因此，行业部门 i 的总产出 x_i 对应碳排放责任组成为

$$x_i = \underbrace{[\beta_i y_i]}_{A} + \underbrace{[(1 - \beta_i)y_i + (1 - \alpha_i)(x_i - y_i)]}_{B} + \underbrace{[\alpha_i(x_i - y_i)]}_{C}$$

$$\tag{7-8}$$

其中，A、B 和 C 分别表示行业 i 最终消费者分担的碳排放责任、行业 i 本身分担的碳排放责任和行业 i 下游行业分担的碳排放责任。对行业 i 的下游行业 j 的碳排放责任进一步在行业本身、下游行业和最终消费者三者之间进行分解：

$$\alpha_i a_{ij} x_j = [\alpha_i a_{ij} \beta_j y_j] + \alpha_i a_{ij}[(1 - \beta_j)y_j + (1 - \alpha_j)(x_j - y_j)] + $$
$$[\alpha_i a_{ij}\alpha_j(x_j - y_j)] \tag{7-9}$$

其中，$\alpha_i(x_i - y_i) = \alpha_i \sum_j a_{ij} x_j$，$a_{ij} = x_i - y_i$，$\alpha_i a_{ij}\alpha_j(x_j - y_j) = \alpha_i a_{ij}\alpha_j \sum_i a_{ji} x_i$。按照产业链上、下游中间投入和碳排放责任分担机制，行业 i 的某个下游行业 k 需要分担该行业的碳排放责任可以表示为

$$(\alpha_i a_{ik} + \sum_j \alpha_i \alpha_j a_{ij} a_{ki} + \cdots)y_k^{(\alpha)} = l_{ik}^{(\alpha)} y_k^{(\alpha)} \tag{7-10}$$

其中，l 为完全消耗系数。行业 k 需要分担的总的碳排放责任包括行业自身的碳排放责任和上游行业的碳排放责任：

$$R_{pl} = (\sum_{i=1}^{k} e_i l_{ik}^{(\alpha)}) y_k^{\alpha} = e_k L_k^{(\alpha)} y_k^{(\alpha)} \qquad (7-11)$$

其中，e_k 是行业部门 k 上游行业及其自身的碳排放系数向量 $e_k = (e_1, e_2, \cdots, e_k)$，$L_k^{(\alpha)}$ 是行业部门 k 生产单位产品需要的上游行业和自身经过责任分担系数修正后的完全投入系数列向量。

总结上述公式，行业部门 k 需要分担的碳排放责任包括两大部分，一是自身分担的碳排放责任，表示为 $R_{pk}^{'} = e_k L_k^{(\alpha)} [(1 - \beta_k) y_k + (1 - \alpha_k)(x_k - y_k)]$；二是行业部门 k 最终消费者应分担的碳排放责任，表示为 $R_{pk}^{''} = e_k L_k^{(\alpha)} \beta_k y_k$。对于生产国特定行业来说，消费国处于价值链终端，作为特定行业 m 应分担的碳排放责任为 $R_c = e_m L_m^{(\alpha)} \beta_m y_m$。

从国家统计局网站和 Wind 数据库收集投入产出表和产出增加值数据，从相关年份的《中国能源统计年鉴》收集能源数据。为了统一行业口径进行对比分析，调整归类得到具有延续性的 29 个行业部门的数据。《中国能源统计年鉴》中行业部门消耗的能源实物类型包括原煤（万吨）、洗精煤（万吨）等 18 类，利用 IPCC（2006）的计算公式可计算这 18 类能源的碳排放系数，然后计算 29 个行业的直接碳排放系数。本书的计算方法，比其他研究（大多把能源归类为固、液、气体 3 类或换算为标准煤计算碳排放）的计算方法更准确，可以减少归类和换算过程中出现的误差。

本书 3.2.3 小节已测算 2007 年中国的净出口隐含碳排放量为 339.05Mt 碳。2007 年，我国出口隐含碳排放量占生产隐含碳排放量的比例高达 25%，净出口隐含碳排放量占生产隐含碳排放量的比例为 5.6%。图 7-1 显示了中国 2007 年 29 个行业部门进口、出口以及净出口隐含碳排放的占比情况，行业部门间的差异较大。2007 年，中国以出口为统计口径的碳排放量最大的 5 个行业为：金属冶炼及压延加工业，化学工业，交通运输、仓储和邮政业，石油加工、炼焦及核燃料加工业，非金属矿物制品业，合计排放 1171.50MtCO$_2$，占比约为 76.9%；以净出口为统计口径的碳排放量最大的 5 个行业为：金属冶炼及压延加工业，交通、运输仓储和邮政业，化学工业，非金属矿物制品业，纺织业，合计排放 288.65Mt 碳，占比约为 85.1%。对比发现，金属冶炼及压延加工业，交通运输、仓储和邮政业，化学工业这 3 个行业出口隐含碳排放占比为 64.3%，净出口隐含碳排放占比为 66.3%，可见这 3 个行业的出口隐含碳排放和净出口隐含碳排放对于分析中国行业部门进出口贸易隐含碳排放具有较好的代表性。基于此，以下是这 3 个行业进行产业链上碳排放责任分担的实例测算。

本书以金属冶炼及压延加工业，交通运输、仓储和邮政业，化学工业 3 个行业的产业链为例，测算碳排放共担责任分配情况。由于行业间中间投入、最终消费及进出口贸易等环节交错影响、关系复杂，根据投入产出关系简化产业链为封闭经济系统，并通过迭代方法修正产业链投入为单向流动。上述 3 个行业对应产业链为："电力、热力的生产和供应业—金属矿采选业—金属冶炼及压延加工业""电力、热力的生产和供应业—石油和天然气开采业—石油加工、炼焦及核燃料加工业—交通运输、仓储和邮政业""电力、热力的生产和供应业—石油和天然气开采业—石油加工、炼焦及核燃料加工业—化学工业"。产业链涉及的电力、热力的生产和供应业，金属矿采选业，金属冶炼及压延加工业，石油和天然气开采业，石油加工、炼焦及核燃料加工业，交通运输、仓储和邮政业，化学工业 7 个行业大部分为直接碳排放系数较大的行业部门，这些行业部门最有可能成为"污染天堂"。利用国际贸易碳排放共担责任分配模型计算 3 个行业的产业链碳排放责任分担比例得到图 7-2。

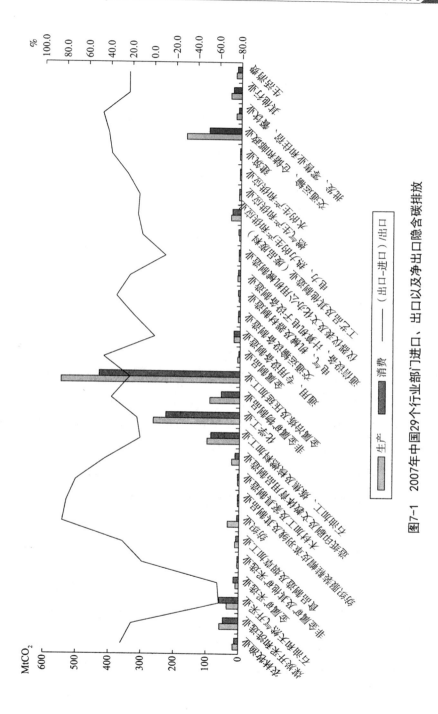

图7-1　2007年中国29个行业部门进口、出口以及净出口隐含碳排放

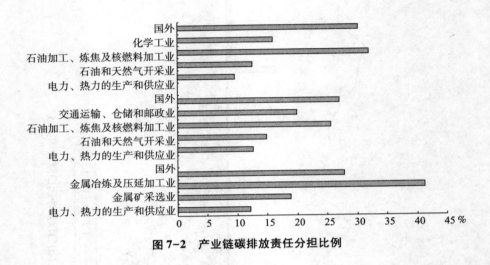

图 7-2　产业链碳排放责任分担比例

交通运输、仓储和邮政业，化学工业的上游行业碳排放责任占比相对较大，为 50% 以上；金属冶炼及压延加工业的上游行业碳排放责任相对较小。在 3 个行业产业链碳排放责任分担中，进口国（国外）承担比例均在 30% 左右，其余则由出口国（中国）承担。因此，利用共担责任原则界定碳排放责任，我国这 3 个行业可以减少大约 30% 的碳排放责任。由于这 3 个行业生产过程中碳排放量占我国 2007 年碳排放总量的比例高达 57.6%，显然生产者和消费者共担碳排放责任的方式可以有效减轻我国碳排放的压力，相应地也可以减少减排成本。

中国出口隐含碳排放量和净出口隐含碳排放量占生产隐含碳排放量的比例都较大，部分行业不但绝对数量较多，而且所占份额较大，生产过程中的碳排放责任不应该由中国独自承担，以生产地为基础的"污染者付费"原则有失公平。本书构建国际贸易碳排放共担责任分配模型，测算代表性行业在产业链视角下碳排放责任的分担情况，化学工业，交通运输、仓储和邮政业的上游行业碳排放责任占比较大；产业链总的碳排放责任等于产业链中生产国（出口国）责任和消费国（进口国）责任之和。在 3 个代表性行业的碳排放责任中，应该由国外承担的比例均在 30% 左右，所以利用共担责任原则可以减轻我国碳排放责任。中国作为全球应对气候变化事业的积极参与者，在国际贸易和国际气候谈判中，应该充分利用国际贸易碳排放转移测算结果，应对逐渐增加的国际贸易环境壁垒，争取谈判主动地位和国际减排合作的话语权，以及最大限度地争取经济发展所需的碳排放空间，同时还要争取引进先进减排技术和资金，提高在国际产业链分工中所处的地位，真正实现环境友好型的贸易发展模式，将"灰色贸易"转变为"绿色贸易"，促进国内经济可持续发展。

7.2　碳排放共担责任界定方法的运行机制与动态调整

7.2.1　碳排放共担责任界定方法的动态运行机制

碳排放共担责任原则不同于生产责任原则和消费责任原则，其可以依据生产链上、下游的紧密关系分解碳排放责任，鼓励各环节相互配合以减少整个生产链的碳排放，促使生产者和消费者、进口国和出口国合力减少产品的碳排放。从国际贸易隐含碳角度来看，共担责任原则有助于解决碳泄漏问题。虽然碳排放共担责任原则是未来碳排放责任界定方法改革的新方向，但是共担责任原则在实际操作中的分担比例如何确定是主要问题，因此如何构建贸易碳排放共担责任核算模型，是解决进口国和出口国碳排放责任共担的最关键问题。前文以中国为例尝试进行国际贸易碳排放责任分配的实证研究，以行业产出增加值为衡量指标确定产业链上、下游行业的碳排放责任分配比例，并构建国际贸易碳排放共担责任分配模型，计算结果证实了关于贸易隐含碳排放责任问题及国际贸易碳排放共担责任原则的可行性。以行业产出增加值为衡量指标确定产业链上、下游行业的碳排放责任分配比例，这种核算方法可以反映国家在全球生产价值链中的地位，较为合理地分担减排责任有助于促进国际减排合作和一国自身的产业升级。

但是，碳排放责任分担比例的确定受诸多因素的影响，如果要改革生产责任原则为共担责任原则，必然会受到生产责任原则下受益群体的阻碍，比如生产责任原则下发达国家可以转移碳排放至发展中国家，发达国家不会轻易同意采纳共担责任原则。好在共担责任原则有助于形成减排合力，对于出口国和进口国的长远利益来说是有利的，那么国际上各个国家或者利益集团在改革碳排放责任界定方法的过程中必然有一个不断谈判和调整的过程，其核心就是经济利益。事实上，国际气候谈判过程也就是各国围绕各自经济利益（包括减排成本）展开的博弈过程，这个经济利益包括长期经济利益和短期经济利益，长期经济利益又包含众多潜在的内容。比如全球气候变暖问题的改善对各个国家的长期发展都有利，获得应对气候变化的国际影响力可能带来其他潜在收益，其长期经济利益无法简单衡量。本书以碳排放责任界定影响的短期经济利益为基础，分析国际碳排放界定方法改革谈判的解决方案。

本书尝试把碳排放责任界定、国际碳排放权交易和经济利益测度置于一个运行框架内，其理论逻辑分析如下：第一，通过谈判改革现有的碳排放责任界定方法为共担责任原则，基于理论和实证研究构建贸易碳排放共担责任核算模型，相关方法可以采用本书已经尝试的方法，即以行业产出增加值为衡量指标确定产业链上、下游行业的碳排放责任分配比例；第二，以确定的责任分配比例界定世界各国的碳排放责任，形成碳排放责任分配方案，各国通过气候谈判或者"国家自主贡献预案"确定各自减排目标；第三，设置国际碳排放权交易机制（市场），模拟各国通过参与国际碳交易或自主减排实现减排目标，而国际碳排放权交易在动态变化中理论上存在一个市场出清的均衡价格；第四，以市场均衡价格衡量碳排放责任界定结果所对应的各国经济利益，在此基础上世界各国针对经济利益分配情况，重新评估碳排放责任界定和国际碳交易运行机制，通过谈判调整碳排放责任分配方案；第五，对于新的碳排放责任分配方案，各国又会形成新的减排目标。上述过程，实际上是一个谈判博弈和优化调整的动态循环过程（见图7-3），其间一些环节还会受到其他因素的影响，比如初始和后续碳排放责任界定需要考虑除了贸易隐含碳排放影响外的其他因素，各国减排目标的设定受到技术条件的影响，等等。

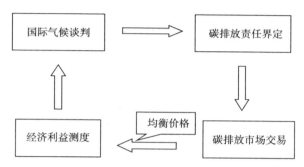

图7-3　碳排放责任界定谈判博弈和优化调整的动态循环过程

对于上述动态循环过程，还有几个环节需要进一步进行分析。无论是初始的碳排放责任界定谈判，还是后续的碳排放责任界定优化调整的国际气候谈判，都需要综合考虑碳排放责任界定中的其他影响因素，比如历史责任、人均碳排放原则、"共同但有区别的责任"等。其中，需要指出的是历史责任，这个因素最好在初始改革谈判中就加以厘清，通过一定的原则或补偿方案，具体的碳排放分担任务可以在之后的几十年逐渐进行消化，综合考虑各种因素确定的贸易碳排放共担责任核算模型和分配方案才具有可接受度和可操作性，因为碳排放责任界定谈判实际上就是"产权界定"的过程。在确定的责任分配比例和碳排放责任分配方案基础上实现"产权界定"后，各国需要明确减排目标，其过程是根据《巴黎协定》中的"国家自主贡献预案"进行国际气候谈判，以明确各个国家的量化减排目标，否则无法确定各国实现减排目标的成本，这直接影响各国度量和判断碳排放责任分担的结果及参与国际碳交易的积极性。

各国根据设定的减排目标可以估测出减排成本和边际减排成本，边际减排成本存在差异的国家之间可以开展国际碳排放权交易，通过交易可以降低国内自主减排的成本以实现减排目标。以估测市场均衡价格来度量碳排放责任界定结果所对应的经济利益，这是本书探索具有公信力和接受度的碳排放责任经济利益的测度标准。度量碳排放责任分配所对应的经济利益，可以帮助各国评估碳排放责任界定结果，从而激发对碳排放责任界定方法的调整和改进需求，这会逐渐减少碳排放责任界定导致各国之间出现的矛盾，量化的经济利益有助于各国合理评估本国和其他国家的责任分担方案。事实上，贸易碳排放责任界定方法的优化调整是一个持续进行的过程，科学技术进步、产业结构变化、经济发展水平提高和人口数量变化等都会影响碳排放责任界定结果的科学性和公平性，故以国际碳排放权交易均衡价格决定的经济利益为基础，推动贸易碳排放责任界定谈判是有效和具有吸引力的。

在碳排放责任界定谈判博弈和优化调整的动态运作机制（见图7-4）中，碳交易均衡价格决定的经济利益是核心。该机制基于市场出清和均衡价格理论模拟国际碳交易市场的运行情况，以"产权明确界定"下的预期交易均衡价格为标准，测度碳排放责任隐含的经济利益。这种模式既可以健全《京都议定书》已有框架的运行机制，又可以体现量化的公平性以最大范围地吸引经济主体参与，国际碳交易的全球最大范围参与度和市场化运行合意性证明，"产权明确界定"下的预期交易均衡价格可以作为测度碳排放责任界定时隐含经济利益的标准，而公认有效的测度标准有助于各国完成碳排放责任界定的评估和决策，从而推动碳排放责任界定的谈判，更好地完成"产权界定"。用预期的国际碳交易均衡价格衡量当下碳排放责任界定方法可能带来的经济效应，把抽象的概念转化为可供测量与评估的指标，是定量分析碳减排任务博弈结果的新探索。

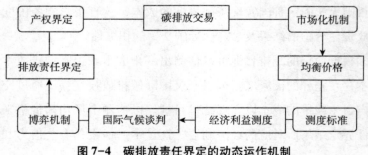

图7-4　碳排放责任界定的动态运作机制

7.2.2 碳排放共担责任界定方法的动态运行模型及政策含义

1. 碳排放共担责任界定方法的动态运行模型

将之前的碳排放责任界定方法改为共担责任原则，具有较好的公平性和可接受度。上述定性分析阐述了与此相关的谈判博弈和优化调整的动态机制，以下通过构建数理模型进一步推导论证并分析其政策含义。根据构建模型需要，做如下假设：愿意承担减排责任和参与气候框架公约的国家为 n 个，用 a、b、c……分别代表；R_n 代表国家 n 在碳排放共担责任原则下承担的碳排放责任，所有国家承担的碳排放责任之和为 R_t；世界各国界定碳排放责任后开展国际碳排放权交易的均衡价格为 P^e，均衡价格取决于市场供给 S 和需求 D。假设各个国家参与气候谈判的目标是实现自身短期经济利益 E_n 的最大化，可以得到：

$$\max E_a = F(P^e, R_a)$$

$$\max E_b = F(P^e, R_b)$$

$$\cdots\cdots$$

$$\max E_n = F(P^e, R_n)$$

$$R_t = R_a + R_b + \cdots + R_n$$

$$P^e = Q(S, D) \tag{7-12}$$

实际上，一个国家短期经济利益 E_n 的简单估测方法是 $P^e \times R_n$，但是经济利益 E_n 受到减排目标 aim、技术水平 tec、能源结构 ene、经济产业发展水平 eco 等多个因素的影响。一个国家减排目标如果定得比较高，那么减排责任会相应增加，所付出的减排成本也就会增加，将减少已有责任分担下的经济利益；一个国家的生产技术水平和能源消耗技术水平得到提高，有助于间接减轻其承担的碳排放责任，增加已有责任分担下的经济利益；而一个国家经济发展水平的提高和能源消耗结构的持续改善，同样可以间接减轻自身承担的碳排放责任，增加已有责任分担下的经济利益。除此之外，经济利益 E_n 还受环境政策制定和执行等因素的影响。所以，上述

公式可以写为

$$\max E_a = F(P^e, \ R_a, \ aim_a, \ tec_a, \ ene_a, \ eco_a, \ \cdots)$$

$$\max E_b = F(P^e, \ R_b, \ aim_b, \ tec_b, \ ene_b, \ eco_b, \ \cdots)$$

$$\cdots\cdots$$

$$\max E_n = F(P, \ R_n, \ aim_n, \ tec_n, \ ene_n, \ eco_n, \ \cdots) \tag{7-13}$$

各个国家承担的碳排放责任之和 R_t，是决定经济利益 E_n 的一个直接因素。对于一个国家或地区而言，影响碳排放责任的因素有进出口贸易 tra 和关于碳排放责任界定的气候谈判 neg，所以得到：

$$R_t = R_a + R_b + \cdots + R_n$$

$$R_a = H(neg_a, \ tra_a, \ eco_a, \ ene_a, \ tec_a, \ \cdots)$$

$$R_b = H(neg_b, \ tra_b, \ eco_b, \ ene_b, \ tec_b, \ \cdots)$$

$$\cdots\cdots$$

$$R_n = H(neg_n, \ tra_n, \ eco_n, \ ene_n, \ tec_n, \ \cdots) \tag{7-14}$$

国际碳交易均衡价格是决定经济利益 E_n 的另一个直接因素，取决于国际碳交易市场的市场供求情况。在市场出清情况下，各个国家或地区履行了各自承担的碳排放责任，碳交易市场供给 S 和需求 D 则取决于各个国家承担的碳排放责任 R_n。除此之外，环境、交易市场培育和监管等政策也会影响上述均衡价格，当然关键影响因素是各个国家承担的碳排放责任 R_n。

$$P^e = Q(S, D) = Q[S(R_a, R_b, \cdots, R_n, gov, \cdots), D(R_a, R_b, \cdots, R_n, gov, \cdots)]$$

$$\tag{7-15}$$

根据上述推导，可以得到一个国家或地区关于碳排放责任界定的短期经济利益决定函数，本书仅以主要影响因素为变量，列出表达式：

$$\max E_n = F(P^e, \ R_n) = F\{Q[S(R_n), \ D(R_n)], \ R_n\} \tag{7-16}$$

上文提及，影响一国贸易碳排放责任分配的因素有 neg 和 tra，而召开气候谈判的原因就是经济利益 E 分配不公或者争夺经济利益，不同国家之间存在博弈需求，所以有：

$$R_n = H(neg_n, \ tra_n) = H[neg_n(E_n), \ tra_n] \tag{7-17}$$

综合上述公式，可以证明经济利益 E 与气候谈判 neg 密切相关，两者形成一个相互影响的循环，中间起关键作用的变量是碳排放责任 R。气候谈判 neg 会决定碳排放责任 R，而碳排放责任 R 决定经济利益 E，由此可以引发新的气候谈判 neg，这个过程就反映了本书提出的碳排放共担责任界定方法的动态运行模型所包含的内容。

2. 碳排放共担责任界定方法的动态运行模型的政策含义

上述模型分析和论证了由碳排放责任界定决定的经济利益与界定碳排放责任的气候谈判之间的互动关系，使气候谈判、碳排放责任界定、国际碳交易、经济利益估测、再次开展气候谈判形成一个动态过程。本书提出将目前的生产责任原则改为共担责任原则，其理论基础是以行业产出增加值为衡量指标确定产业链上、下游行业的碳排放责任分配比例。根据上述动态模型的分析，气候谈判是决定碳排放责任界定和国际碳交易均衡价格的关键因素，下面分析其政策含义。

第一，气候谈判 neg 是动态模型中的一个关键因素，决定了碳排放责任 R_n。国际气候大会是开展国际气候多边谈判的主要途径，有些大会对国际气候合作发挥了重要作用。比如 1997 年 12 月在日本京都举行的第三次缔约方会议（COP3），通过了著名的《京都议定书》，设定了 3 种灵活的市场化减排合作机制，构建了国际碳排放权交易的框架；2015 年 12 月，巴黎 COP21 大会通过了《巴黎协定》，为 2020 年后全球应对气候变化行动做出新的计划和安排。本书提出改革碳排放责任界定的方法，这需要开展多边气候谈判以形成共识，而新的碳排放共担责任界定方法及其具体实施方案，需要经过国际谈判协商和确定才能实施。所以，国际气候谈判对于改革碳排放责任界定方法极为重要，它是动态模型中的一个关键因素。在动态调整过程中，在每次经济利益估测基础上的新国际气候谈判，对碳排放责任界定方法调整及新的责任界定结果而言，都起到决定性作用。中国作为全球最大的发展中国家，改革贸易碳排放责任界定方法对于实现自身的减排目标和降低减排成本具有重要意义，因此需要在国际气候谈判中争取主动地位。

第二，国际碳交易均衡价格 P^e 是动态模型中决定经济利益 E_n 的关键因素。本书以贸易碳排放责任界定为主要研究目标，在碳排放责任界定下估测经济利益 E_n 的简单方法就是 $P^e \times R_n$，碳排放责任 R_n 取决于气候谈判 neg，而 P^e 理论上由国际碳交易市场机制决定，其背后的决定因素理论上是各个经济体的边际减排成本。但是，国际碳排放交易市场的运行受各种因素的影响，目前还没有形成一个完全统一开放的全球市场，《京都议定书》设定的全球灵活减排机制实际上仅仅是一种制度设计。目前，只存在 EU ETS 等区域性跨国市场，各个市场之间碳价格形成机制差异较大。据《碳道》报道，2016 年已发生交易的碳价格范围从低于 1 美元到 131 美元，其中 3/4 的碳排放量的定价低于 10 美元，可见不同市场的碳价格迥异。国际碳交易均衡价格是决定各国经济利益的关键因素之一，是决定改革当前碳排放责任界定方法成功与否的关键所在，所以中国等发展中国家需要通过发展国内碳交易市场等方法，逐渐掌握碳交易定价权。

参考文献

［1］ACKERMAN F, ISHIKAWA M, SUGA M, et al. The carbon content of Japan-US trade ［J］. Energy policy, 2007, 35 （9）: 4455-4462.

［2］AHMAD N, WYCKOFF A. Carbon dioxide emissions embodied in international trade of goods ［R］. Paris: OECD, 2003: 1-22.

［3］AIKEN L S, WEST S G. Multiple regression: testing and interpreting interactions-Institute for Social and Economic Research (ISER) ［J］. Evaluation practice, 1991, 14 （2）: 167-168.

［4］ANDREW R M, PETERS G P, LENNOX J, et al. Approximation and regional aggregation in multi-regional input-output analysis for National Carbon Footprint Accounting ［J］. Economic systems research, 2010, 21 （3）: 311-335.

［5］ANG B W, LIU N. A Cross-country analysis of aggregate energy and carbon intensities ［J］. Energy policy, 2006, 34 （15）: 2398-2404.

［6］ANG B W, LIU N. Energy decomposition analysis: IEA model versus other methods ［J］. Energy policy, 2007, 35 （3）: 1426-1432.

［7］ANTWEILER W, COPELAND B R, TAYLOR M S. Is free trade good for the environment? ［J］. American economic review, 2001, 91 （4）: 877-908.

［8］BARKER T, JUNANKAR S, POLLITT H, et al. Carbon leakage from unilateral environmental tax reforms in Europe, 1995—2005 ［J］. Energy policy, 2007, 35 （12）: 6281-6292.

[9] BAYLIS K, FULLERTON D, KARNEY D H. Leakage, welfare, and cost-effectiveness of carbon policy [J]. American economic review, 2013, 103 (3): 332-337.

[10] BER C L, PETERS G P, GUAN D, et al. The contribution of Chinese exports to climate change [J]. Energy policy, 2008, 36 (9): 3572-3577.

[11] BRUYN S M D, VAN DEN BERGH J C J M, OPSCHOOR J B. Economic growth and emissions: reconsidering the empirical basis of environmental Kuznets curves [J]. Ecological economics, 1998, 25 (2): 161-175.

[12] CARBONE J C. Linking numerical and analytical models of carbon leakage [J]. American economic review, 2013, 103 (3): 326-331.

[13] CAROLYN FISCHER. Rebating environmental policy revenues: output-based allocations and tradable performance standards [R]. Resources for the future, 2001 (7): 1-22.

[14] CHEN Z M, CHEN G Q. Embodied carbon dioxide emission at supra-national scale: a coalition analysis for G7, BRIC, and the rest of the world [J]. Energy policy, 2011, 39 (5): 2899-2909.

[15] COLE M A, ELLIOTT R J R. Determining the trade-environment composition effect: the role of capital, labor and environmental regulations [J]. Journal of environmental economics & management, 2003, 46 (3): 363-383.

[16] COMMON M, SALMA U. Accounting for Australian carbon dioxide emissions [J]. Economic record, 1992, 68 (1): 31-42.

[17] DAVIS S J, CALDEIRA K. Consumption-based accounting of CO_2 emissions [J]. Proceedings of the National Academy of Sciences of the United States of America, 2010, 107 (12), 5687-5692.

[18] DIAO X D, ZENG S X, TAM C M, et al. EKC analysis for studying economic growth and environmental quality: a case study in China [J].

Journal of cleaner production, 2009, 17 (5): 541-548.

[19] DINDA S, COONDOO D. Income and emission: A panel data-based cointegration analysis [J]. Ecological economics, 2001, 57 (2): 167-181.

[20] DINDA S. Environmental Kuznets curve hypothesis: a survey [J]. Ecological economics, 2004, 49 (4): 431-455.

[21] DONG Y, ISHIKAWA M, LIU X, et al. An analysis of the driving forces of CO_2 emissions embodied in Japan-China trade [J]. Energy policy, 2010, 38 (11): 6784-6792.

[22] DU H, GUO J, MAO G, et al. CO emissions embodied in China-US trade: input-output analysis based on the emergy/dollar ratio [J]. Energy policy, 2011, 39 (10): 5980-5987.

[23] EICHNER T, PETHIG R. Carbon leakage, the green paradox and perfect future markets [J]. International economic review, 2011, 52 (3): 767-805.

[24] FELDER S, RUTHERFORD T F. Unilateral CO_2 reductions and carbon leakage: the consequences of international trade in oil and basic materials [J].Journal of environmental economics and management, 1993 (2): 162-176.

[25] FERNG JIUN-JIUN. Allocating the responsibility of CO_2 over-emissions from the perspectives of benefit principle and ecological deficit [J]. Ecological economics, 2003, 46 (1): 121-141.

[26] FISCHER C. Combining rate-based and cap-and-trade emissions policies [J]. Climate policy, 2003.

[27] FULLERTON D, KARNEY D H, BAYLIS K. Negative leakage [R]. Nber: [s. n.], 2011: 51-73.

[28] GERLAGH R, KUIK O. Carbon leakage with international technology spillovers [R]. [S. L.: s. n.], 2007.

[29] GUAN D, HUBACEK K, WEBER C L, et al. The drivers of Chi-

nese CO_2 emissions from 1980 to 2030 [J]. Global environmental change – human and policy dimensions, 2008, 18 (4): 626-634.

[30] HALICIOGLU F. An econometric study of CO_2 emissions, energy consumption, income and foreign trade in Turkey [J]. Energy policy, 2009, 37 (3): 1156-1164.

[31] HE J, WANG H. Economic structure, development policy and environmental quality: an empirical analysis of environmental Kuznets curves with Chinese municipal data [J]. Ecological economics, 2012, 76 (1): 49-59.

[32] IAN S W, ELLERMAN A D, JAEMIN S. Abso lute versus intensity limits for CO_2 emission control: performance under uncertainty [R]. Massachusetts: MIT, 2006: 1-26.

[33] JALIL A, MAHMUD S F. Environment Kuznets curve for CO emissions: a cointegration analysis for China [J]. Energy policy, 2009, 37 (12): 5167-5172.

[34] KUIK O, HOFKES M. Border adjustment for European emissions trading: competitiveness and carbon leakage [J]. Energy policy, 2010, 38 (4): 1741-1748.

[35] LENZEN M. Primary energy and greenhouse gases embodied in Australian final consumption: an input-output analysis [J]. Energy policy, 1998, 26 (6): 495-506.

[36] LI Y, HEWITT C N. The effect of trade between China and the UK on national and global carbon dioxide emissions [J]. Energy policy, 2008, 36 (6): 1907-1914.

[37] LIN B, SUN C, Evaluating carbon dioxide emissions in international trade of China [J]. Energy policy, 2010, 38 (1): 613-621.

[38] LIN J, PAN D, DAVIS S J, et al. China's international trade and air pollution in the United States [J]. Proc Natl Acad Sci USA, 2014, 111 (5): 1736-1741.

[39] LOUISE A, PEDRO M C, SANDRA B. A conceptual framework and its application for addressing leakage: the case of avoided deforestation [J]. Climate policy, 2003, 3 (2): 123-136.

[40] MACHADO G, SCHAEFFER R, WORRELL E, et al. Energy and carbon embodied in the international trade of Brazil: an input-output approach [J]. Ecological economics, 2001, 39 (3): 409-424.

[41] MANFRED L, JOY M, FABIAN S, et al. Shared producer and consumer responsibility: theory and practice [J]. Ecological economics, 2007, 61 (1): 27-42.

[42] MUNKSGAARD J, PEDERSEN K A. CO_2 accounts for open economies: producer or consumer responsibility? [J]. Energy policy, 2001, 29 (4): 327-334.

[43] MUNOZ P, S PETERS K W. Austria's CO_2 responsibility and the carbon content of its international trade [J]. Ecological economics, 2010, 69 (10): 2003-2019.

[44] NADIM AHMAD, ANDREW W W. Carbon dioxide emissions embodied in international trade of goods [EB/OL]. (2009-04-16) [2020-03-01]. http://www.oecd.org/sti/working-papers.

[45] NAKANO S, OKAMURA A, SAKURAI N, et al. The measurement of CO_2 embodiments in international trade: evidence from the harmonised input-output and bilateral trade database [R]. Paris: OECD, 2009.

[46] PALTSEV S V. The Kyoto protocol: regional and sectoral contributions to the carbon leakage [J]. Energy journal, 2001, 22 (4): 53-79.

[47] PAN J, PHILLIPS J, CHEN Y, et al. China's balance of emissions embodied in trade: approaches to measurement and allocating international responsibility [J]. Oxford review of economic policy, 2008, 24 (2): 354-376.

[48] PETERS G P, MINX J C, WEBER C L, et al. Growth in emission

transfers via international trade from 1990 to 2008 [J]. Proceedings of the national academy of sciences, 2011, 108 (21): 8903-8908.

[49] PETERS G P, HERTWICH E G. Pollution embodied in trade: the Norwegian case [J]. Global environmental change – human and policy dimensions, 2006, 16 (4): 379-387.

[50] PETERS G P, HERTWICH E G. CO_2 embodied in international trade with implications for global climate policy. [J]. Environmental science & technology, 2008, 42 (5): 1401-1407.

[51] PROOPS J L, ATKINSON G, SCHLOTHEIM B F, et al. International trade and the sustainability footprint: a practical criterion for its assessment [J]. Ecological economics, 1999, 28 (1): 75-97.

[52] PROOPS J L, GAY P W, SPECK S, et al. The lifetime pollution implications of various types of electricity generation: an input-output analysis [J]. Energy policy, 1996, 24 (3): 229-237.

[53] RICHARD K, PIERGIUSEPPE F. International trade and carbon emissions [J]. European journal of development research, 2012, 24 (4): 509-529.

[54] ROSENDAHL K E, STRAND J. Carbon leakage from the clean development mechanism [R]. [S. L.: s. n.], 2009: 27-50.

[55] SANDRINI M, CENSOR N. Does trade openness improve environmental quality? [J]. Journal of environmental economics & management, 2009, 58 (3): 346-363.

[56] SCHAEFFER R, DE SA A. The embodiment of carbon associated with Brazilian imports and exports [J]. Energy conversion and management, 1996, 37 (6): 955-960.

[57] SHEN J. A simultaneous estimation of environmental Kuznets curve: evidence from China [J]. China economic review, 2006, 17 (4): 383-394.

［58］SHUI B, HARRISS R C. The role of CO_2 embodiment in US-China trade ［J］. Energy policy, 2006, 34（18）: 4063-4068.

［59］SMITH C. Carbon leakage: an empirical assessment using a global econometric model ［J］. International competitiveness and environmental policies, 1998（7）: 143-169.

［60］SONG M L, ZHANG W, WANG S H. Inflection point of environmental Kuznets curve in Mainland China ［J］. Energy policy, 2013, 57（7）: 14-20.

［61］SONG T, ZHENG T, TONG L. An empirical test of the environmental Kuznets curve in China: a panel cointegration approach ［J］. China economic review, 2008, 19（3）: 381-392.

［62］SOYTAS U, SARI R. Energy consumption, economic growth, and carbon emissions: challenges faced by an EU candidate member ［J］. Ecological economics, 2009, 68（6）: 1667-1675.

［63］STEININGER K, LININGER C, DROEGE S, et al. Justice and cost effectiveness of consumption-based versus production-based approaches in the case of unilateral climate policies ［J］. Global environmental change, 2014, 24（1）: 75-87.

［64］SU B, ANG B W. Input-output analysis of CO_2 emissions embodied in trade: competitive versus non-competitive imports ［J］. Energy policy, 2013（56）: 83-87.

［65］TOLMASQUIM M T, MACHADO G. Energy and carbon embodied in the international trade of Brazil ［J］. Mitigation and adaptation strategies for global change, 2003, 8（2）: 139-155.

［66］WAGNER, TRAVIS P. Examining the concept of convenient collection: an application to extended producer responsibility and product stewardship frameworks ［J］. Waste management, 2013, 33（3）: 499-507.

[67] WANG TAO, WATSON JIM. Who owns China's carbon emissions? [J/OL]. Norwich: Tyndall Centre, 2007. http: //www. tyndall. ac. uk/ publications/ briefing_ notes/ bn2: 3. pdf, 2009 (2).

[68] WEBER C L, PETERS G P, GUAN D, et al. The contribution of Chinese exports to climate change [J]. Energy policy, 2008, 36 (9): 3572-3577.

[69] WEI YI-MING, WANG LU, LIAO HUA, et al. Responsibility accounting in carbon allocation: a global perspective [J]. Applied energy, 2014, 130 (1): 122-133.

[70] XU MING, ALLENBY BRADEN, CHEN WEI Q. Energy and air emissions embodied in China-U. S. Trade: east-bound assessment using adjusted Bblateral trade data [J]. Environment science & technology, 2009, 43 (9): 3378-3384.

[71] YIN J, ZHENG M, CHEN J. The effects of environmental regulation and technical progress on CO_2, Kuznets curve: an evidence from China [J]. Energy Policy, 2015 (77): 97-108.

[72] ZHANG Z, GUO J, HEWINGS G J D. The effects of direct trade within China on regional and national CO_2, emissions [J]. Energy economics, 2014, 46 (C): 161-175.

[73] BAYLIS K, FULLERTON D, KARNEY D H. Negative leakage [J]. Journal of the association of environmental and resource economists, 2014, 1 (1): 51-73.

[74] FISCHER C, SALANT S W. Limits to limiting greenhouse gases: intertemporal leakage, spatial leakage, and negative leakage [R]. [S. l.: s. n.], 2014.

[75] 张云. 国际碳排放交易与中国排放权出口规模管理 [M]. 北京: 中国经济出版社, 2014.

［76］包群，许和连，赖明勇. 贸易开放度与经济增长：理论及中国的经验研究［J］. 世界经济，2003（2）：10-18.

［77］陈红敏. 中国出口贸易中隐含能变化的影响因素：基于结构分解分析的研究［J］. 财贸研究，2009（3）：66-73.

［78］陈楠，刘学敏，长谷部勇一. 中日产业转移及贸易隐含碳的影响因素：基于垂直专业化分工的研究视角［J］. 科技管理研究，2016，36（15）：236-241，246.

［79］陈诗一，吴若沉. 经济转型中的结构调整、能源强度降低与二氧化碳减排：全国及上海的比较分析［J］. 上海经济研究，2011（4）：10-23.

［80］陈诗一，严法善，吴若沉. 资本深化、生产率提高与中国二氧化碳排放变化：产业、区域、能源三维结构调整视角的因素分解分析［J］. 财贸经济，2012（12）：111-119.

［81］陈诗一，张云，武英涛. 区域雾霾联防联控治理的现实困境与政策优化：雾霾差异化成因视角下的方案改进［J］. 中共中央党校学报，2018，22（6）：109-118.

［82］陈诗一. 边际减排成本与中国环境税改革［J］. 中国社会科学，2011（3）：85-100.

［83］陈诗一. 工业二氧化碳的影子价格：参数化和非参数化方法［J］. 世界经济，2010（8）：93-111.

［84］陈诗一. 节能减排与中国工业的双赢发展：2009—2049［J］. 经济研究，2010（3）：129-142.

［85］陈诗一. 能源消耗、二氧化碳排放与中国工业的可持续发展［J］. 经济研究，2009（4）：41-55.

［86］陈诗一. 中国的绿色工业革命：基于环境全要素生产率视角的解释：1980—2008［J］. 经济研究，2010（11）：21-58.

［87］陈诗一. 中国碳排放强度的波动下降模式及经济解释［J］. 世界经济，2011（4）：124-141.

[88] 陈迎，潘家华，谢来辉. 中国外贸进出口商品中的内涵能源及其政策含义 [J]. 经济研究，2008（7）：11-25.

[89] 邓荣荣，陈鸣. 中国对外贸易隐含碳排放研究：1997—2011 年 [J]. 上海经济研究，2014（6）：64-73.

[90] 邸玉娜. 欧盟对中国碳泄漏的测度与影响：基于世界投入产出表的分析 [J]. 资源科学，2016，38（12）：2307-2315.

[91] 杜运苏，张为付. 中国出口贸易隐含碳排放增长及其驱动因素研究 [J]. 国际贸易问题，2012（3）：97-107.

[92] 樊纲，苏铭，曹静. 最终消费与碳减排责任的经济学分析 [J]. 经济研究，2010（1）：4-14.

[93] 符淼. 我国环境库兹涅茨曲线：形态、拐点和影响因素 [J]. 数量经济技术经济研究，2008（11）：40-55.

[94] 傅京燕，张春军. 国际贸易、碳泄漏与制造业 CO_2 排放 [J]. 中国人口资源与环境，2014，24（3）：13-18.

[95] 傅京燕，张珊珊. 碳排放约束下我国外贸发展方式转变之研究：基于进出口隐含 CO_2 排放的视角 [J]. 国际贸易问题，2011（8）：110-121.

[96] 韩中，王刚. 基于多区域投入产出模型中美贸易隐含能源、碳排放的测算 [J]. 气候变化研究进展，2019，15（4）：416-426.

[97] 胡剑波，高鹏，张伟. 中国对外贸易增长与隐含碳排放脱钩关系研究 [J]. 管理世界，2017（10）：172-173.

[98] 胡剑波，郭风. 中国进出口产品中的隐含碳污染贸易条件变化研究 [J]. 国际贸易问题，2017（10）：109-118.

[99] 黄敏，蒋琴儿. 外贸中隐含碳的计算及其变化的因素分解 [J]. 上海经济研究，2010（3）：69-76.

[100] 黄敏，刘剑锋. 外贸隐含碳排放变化的驱动因素研究：基于 I-O SDA 模型的分析 [J]. 国际贸易问题，2011（4）：94-103.

[101] 黄敏，伍世林. 贸易中隐含碳问题溯源及其研究进展 [J]. 上

海商学院学报，2010（2）：77-80.

［102］纪玉山，赵洪亮. 发展权视角下的中国碳排放责任分析［J］. 综合竞争力，2010（4）：84-88.

［103］蒋雪梅，汪寿阳. 正确认识"生产国"与"消费国"碳排放责任［J］. 科技促进发展，2011（1）：55-60.

［104］李丁，汪云林，牛文元. 出口贸易中的隐含碳计算：以水泥行业为例［J］. 生态经济，2009（2）：58-60.

［105］李开盛. 论全球温室气体减排责任的公正分担：基于罗尔斯正义论的视角［J］. 世界经济与政治，2012（3）：39-56.

［106］李坤望，黄玖立. 中国贸易开放度的经验分析：以制造业为例［J］. 世界经济，2006（8）：11-22.

［107］李丽平，任勇，田春秀. 国际贸易视角下的中国碳排放责任分析［J］. 环境保护，2008（6）：62-64.

［108］李艳芳，曹炜. 打破僵局：对"共同但有区别的责任原则"的重释［J］. 中国人民大学学报，2013（2）：91-101.

［109］李艳梅，付加锋. 中国出口贸易中隐含碳排放增长的结构分解分析［J］. 中国人口·资源与环境，2010，20（8）：53-57.

［110］林伯强，蒋竺均. 中国二氧化碳的环境库兹涅茨曲线预测及影响因素分析［J］. 管理世界，2009，187（4）：27-36.

［111］林伯强，李爱军. 碳关税的合理性何在？［J］. 经济研究，2012，47（11）：118-127.

［112］林洁，祁悦，蔡闻佳，等. 公平实现《巴黎协定》目标的碳减排贡献分担研究综述［J］. 气候变化研究进展，2018，14（5）：529-539.

［113］刘昌义，潘家华，陈迎，等. 温室气体历史排放责任的技术分析［J］. 中国人口·资源与环境，2014（4）：11-18.

［114］刘红光，刘卫东，唐志鹏. 非竞争型投入产出表在碳泄漏问题中的应用［J］. 系统工程理论与实践，2012，32（7）：1446-1451.

[115] 刘华军，石印，雷名雨. 碳源视角下中国碳排放的地区差距及其结构分解 [J]. 中国人口·资源与环境，2019，29（8）：87-93.

[116] 刘宇. 中国主要双边贸易隐含二氧化碳排放测算：基于区分加工贸易进口非竞争型投入产出表 [J]. 财贸经济，2015（5）：96-108.

[117] 刘云枫，冯姝婷，葛志远. 基于结构分解分析的 1980—2013 年中国二氧化碳排放分析 [J]. 软科学，2018，32（6）：53-57.

[118] 陆虹. 中国环境问题与经济发展的关系分析：以大气污染为例 [J]. 财经研究，2000（10）：53-59.

[119] 吕延方，崔兴华，王冬. 全球价值链参与度与贸易隐含碳 [J]. 数量经济技术经济研究，2019，36（2）：45-65.

[120] 马述忠，陈颖. 进出口贸易对中国隐含碳排放量的影响：2000—2009 年——基于国内消费视角的单区域投入产出模型分析 [J]. 财贸经济，2010（12）：82-89.

[121] 马树才，李国柱. 中国经济增长与环境污染关系的 Kuznets 曲线 [J]. 统计研究，2006（8）：37-40.

[122] 马颖，李静，余官胜. 贸易开放度、经济增长与劳动密集型产业结构调整 [J]. 国际贸易问题，2012（9）：96-107.

[123] 蒙英华，裴瑱. 中国对美出口贸易中的隐含碳排放：基于出口排名前十位货物的比较分析 [J]. 亚太经济，2011（3）：46-50.

[124] 孟凡鑫，苏美蓉，胡元超，等. 中国及"一带一路"沿线典型国家贸易隐含碳转移研究 [J]. 中国人口·资源与环境，2019，29（4）：18-26.

[125] 宁学敏. 我国碳排放与出口贸易的相关关系研究 [J]. 生态经济，2009（11）：51-5496.

[126] 牛玉静，陈文颖，吴宗鑫. 全球多区域 CGE 模型的构建及碳泄漏问题模拟分析 [J]. 数量经济技术经济研究，2012，29（11）：34-50.

[127] 潘安，魏龙. 中国与其他金砖国家贸易隐含碳研究 [J]. 数量

经济技术经济研究，2015，32（4）：54-70.

［128］潘安. 全球价值链视角下的中美贸易隐含碳研究［J］. 统计研究，2018，35（1）：53-64.

［129］潘家华，郑艳. 基于人际公平的碳排放概念及其理论含义［J］. 世界经济与政治，2009（10）：6-16.

［130］彭水军，包群. 经济增长与环境污染：环境库兹涅茨曲线假说的中国检验［J］. 财经问题研究，2006（8）：3-17.

［131］彭水军，张文城，曹毅. 贸易开放的结构效应是否加剧了中国的环境污染：基于地级城市动态面板数据的经验证据［J］. 国际贸易问题，2013（8）：119-132.

［132］彭水军，张文城. 国际碳减排合作公平性问题研究［J］. 厦门大学学报（哲学社会科学版），2012（1）：109-117.

［133］齐晔，李惠民，徐明. 中国进出口贸易中的隐含碳估算［J］. 中国人口·资源与环境，2008（18）：8-12.

［134］秦昌才，黄泽湘. 碳排放责任模式的理论与实践［J］. 财经科学，2012（7）：118-124.

［135］石红莲，张子杰. 中国对美国出口产品隐含碳排放的实证分析［J］. 国际贸易问题，2011（4）：56-64.

［136］史亚东，钟茂初. 简析中国参与国际碳排放交易的经济最优性与公平性［J］. 天津社会科学，2010（4）：84-87.

［137］史亚东. 各国二氧化碳排放责任的实证分析［J］. 统计研究，2012（7）：61-67.

［138］史亚东. 中国在当前国际碳排放交易中最优出口规模研究［J］. 世界经济研究，2010（1）：3-7.

［139］王菲，杨雪，田阳，等. 基于EKC假说的碳排放与经济增长关系实证研究［J］. 生态经济，2018，34（10）：19-23.

［140］王奇，刘巧玲，刘勇. 国际贸易对污染—收入关系的影响研

究：基于跨国家 SO_2 排放的面板数据分析［J］. 中国人口·资源与环境，2013，23（4）：73-80.

［141］王文举，向其凤. 国际贸易中的隐含碳排放核算及责任分配［J］. 中国工业经济，2011（10）：56-64.

［142］王文治，陆建明. 中国对外贸易隐含碳排放余额的测算与责任分担［J］. 统计研究，2016，33（8）：12-20.

［143］王文治，杨爽，王怡. 全球贸易隐含碳的责任共担及其跨区域补偿［J］. 环境经济研究，2019，4（3）：30-47.

［144］魏本勇，方修琦，王媛，等. 基于投入产出分析的中国国际贸易碳排放研究［J］. 北京师范大学学报（自然科学版），2009（4）：413-419.

［145］魏本勇，王媛，杨会民，等. 国际贸易中的隐含碳排放研究综述［J］. 世界地理研究，2010（2）：138-147.

［146］吴开尧，杨廷干. 国际贸易碳转移的全球图景和时间演变［J］. 统计研究，2016（2）：43-50.

［147］吴卫星. 后京都时代（2012—2020）碳排放权分配的战略构想：兼及"共同但有区别的责任"原则［J］. 南京工业大学学报（社会科学版），2010（2）：18-22.

［148］肖雁飞，万子捷，刘红光. 我国区域产业转移中"碳排放转移"及"碳泄漏"实证研究：基于2002年、2007年区域间投入产出模型的分析［J］. 财经研究，2014，40（2）：75-84.

［149］徐盈之，郭进. 开放经济条件下国家碳排放责任比较研究［J］. 中国人口·资源与环境，2014（1）：55-63.

［150］徐盈之，邹芳. 基于投入产出分析法的我国各产业部门碳减排责任研究［J］. 产业经济研究，2010（5）：27-35.

［151］许冬兰，王运慈. "生产—消费"双重负责制下的贸易碳损失核算及碳排放责任界定研究［J］. 青岛科技大学学报（社会科学版），

2015，31（3）：33-38.

［152］许广月，宋德勇. 我国出口贸易、经济增长与碳排放关系的实证研究［J］. 国际贸易问题，2010（1）：74-79.

［153］闫云凤，杨来科. 中国出口隐含碳增长的影响因素分析［J］. 中国人口·资源与环境，2010（8）：48-52.

［154］闫云凤，赵忠秀，王苒. 基于 MRIO 模型的中国对外贸易隐含碳及排放责任研究［J］. 世界经济研究，2013（6）：54-58.

［155］闫云凤，赵忠秀，王苒. 中欧贸易隐含碳及政策启示：基于投入产出模型的实证研究［J］. 财贸研究，2012（2）：21-25.

［156］闫云凤，赵忠秀. 消费碳排放与碳溢出效应：G7、BRIC 和其他国家的比较［J］. 国际贸易问题，2014（1）：99-107.

［157］闫云凤，赵忠秀. 中国对外贸易隐含碳的测度研究：基于碳排放责任界定的视［J］. 国际贸易问题，2012（1）：131-142.

［158］闫云凤. 中国对外贸易的隐含碳研究［D］. 上海：华东师范大学，2011.

［159］杨来科，张云. 国际碳交易框架下边际减排成本与能源价格关系研究［J］. 财贸研究，2012（8）：83-90.

［160］杨子晖. "经济增长"与"二氧化碳排放"关系的非线性研究：基于发展中国家的非线性 Granger 因果检验［J］. 世界经济，2010（10）：139-160.

［161］余慧超，王礼茂. 中美商品贸易的碳排放转移研究［J］. 自然资源学报，2009（10）：1837-1846.

［162］苑立波. 中国对外贸易隐含碳的测算研究：基于中国非竞争型投入产出表的分析［J］. 统计与信息论坛，2014（5）：8-14.

［163］张兵兵，李祎雯. 新附加值贸易视角下中日贸易隐含碳排放的再测算［J］. 资源科学，2018，40（2）：250-261.

［164］张同斌，孟令蝶，孙静. 碳排放共同责任的测度优化与国际比

较研究 [J]. 财贸研究, 2018, 29 (10): 19-31.

[165] 张为付, 杜运苏. 中国对外贸易中隐含碳排放失衡度研究 [J]. 中国工业经济, 2011 (4): 138-147.

[166] 张为付, 李逢春, 胡雅蓓. 国际分工背景下 CO_2 减排责任分解与对策研究 [J]. 国际贸易问题, 2013 (11): 94-105.

[167] 张文城, 彭水军. 南北国家的消费侧与生产侧资源环境负荷比较分析 [J]. 世界经济, 2014 (8): 126-150.

[168] 张友国. 中国贸易含碳量及其影响因素: 基于 (进口) 非竞争型投入产出表的分析 [J]. 经济学 (季刊), 2010 (4): 1287-1310.

[169] 张云, 韩露露, 尹筑嘉. 中国对外贸易环境效应: 工业行业 EKC 与碳泄漏实证分析 [J]. 上海经济研究, 2019 (2): 110-118.

[170] 张云, 刘枚莲, 王向进. 中国工业部门贸易开放与碳泄漏效应研究 [J]. 华东师范大学学报 (哲社版), 2019 (6): 174-185.

[171] 张云, 杨来科, 李秀珍. 边际减排成本与能源价格关系的理论建模与实证检验 [J]. 中央财经大学学报, 2012 (8): 78-84.

[172] 张云, 杨来科, 赵捧莲. 国际碳排放交易利益分配与出口规模研究: 基于 MACs 的理论与实证分析 [J]. 财经研究, 2011 (4): 15-25.

[173] 张云, 杨来科. 国际碳排放交易价格决定与最优出口规模研究 [J]. 财贸经济, 2011 (7): 70-77.

[174] 张云, 杨来科. 边际减排成本与限排影子成本、能源价格关系 [J]. 华东经济管理, 2012 (11): 148-151.

[175] 张云, 韩露露, 尹筑嘉. 中国对外贸易环境效应: 工业行业 EKC 与碳泄漏实证分析 [J]. 上海经济研究, 2019 (2): 110-118.

[176] 张云, 唐海燕. 经济新常态下实现碳排放峰值承诺的贸易开放政策: 中国贸易开放环境效应与碳泄露存在性实证检验 [J]. 财贸经济, 2015 (7): 96-108.

[177] 张云, 唐海燕. 中国贸易隐含碳排放与责任分担: 产业链视角

下实例测算［J］. 国际贸易问题，2015（4）：148-156.

［178］赵定涛，杨树. 共同责任视角下贸易碳排放分摊机制［J］. 中国人口·资源与环境，2013（11）：1-6.

［179］赵进文，丁林涛. 贸易开放度、外部冲击与通货膨胀：基于非线性 STR 模型的分析［J］. 世界经济，2012，35（9）：61-83.

［180］赵玉焕，王淞. 基于技术异质性的中日贸易隐含碳测算及分析［J］. 北京理工大学学报（社会科学版），2014（1）：12-18.

［181］赵玉焕. 国际贸易中隐含碳研究综述［J］. 黑龙江对外经贸，2011（7）：22-25.

［182］钟章奇，姜磊，何凌云，等. 基于消费责任制的碳排放核算及全球环境压力［J］. 地理学报，2018，73（3）：442-459.

［183］钟章奇，张旭，何凌云，等. 区域间碳排放转移、贸易隐含碳结构与合作减排：来自中国 30 个省区的实证分析［J］. 国际贸易问题，2018（6）：94-104.

［184］周茂荣，谭秀杰. 国外关于贸易碳排放责任划分问题的研究评述［J］. 国际贸易问题，2012（6）：104-113.

［185］周新. 国际贸易中的隐含碳排放核算及贸易调整后的国家温室气体排放［J］. 管理评论，2010，22（6）：17-23.

［186］邹庆，陈迅，吕俊娜. 我国经济增长与环境协调发展研究：基于内生增长模型和 EKC 假说的分析［J］. 中央财经大学学报，2014，1（9）：89.

［187］邹亚生，孙佳. 论我国的碳排放权交易市场机制选择［J］. 国际贸易问题，2011（7）：124-134.

索　引